" 매일 성장하는 **초등 자기개발서** "

완자

공부력

Q 왜 공부력을 키워야 할까요?

쓰기력

정확한 의사소통의 기본기이며 논리의 바탕

연필을 잡고 종이에 쓰는 것을 괴로워한다!
맞춤법을 몰라 정확한 쓰기를 못한다!
말은 잘하지만 조리 있게 쓰는 것이 어렵다!
그래서 글쓰기의 기본 규칙을 정확히 알고
써야 공부 능력이 향상됩니다.

어휘력

교과 내용 이해와 독해력의 기본 바탕

어휘를 몰라서 수학 문제를 못 푼다!
어휘를 몰라서 사회, 과학 내용 이해가 안 된다!
어휘를 몰라서 수업 내용을 따라가기 어렵다!
그래서 교과 내용 이해의 기본 바탕을
다지기 위해 어휘 학습을 해야 합니다.

독해력

모든 교과 실력 향상의 기본 바탕

글을 읽었지만 무슨 내용인지 모른다!
글을 읽고 이해하는 데 시간이 오래 걸린다!
읽어서 이해하는 공부 방식을 거부하려고 한다!
그래서 통합적 사고력의 바탕인 독해 공부로
교과 실력 향상의 기본기를 닦아야 합니다.

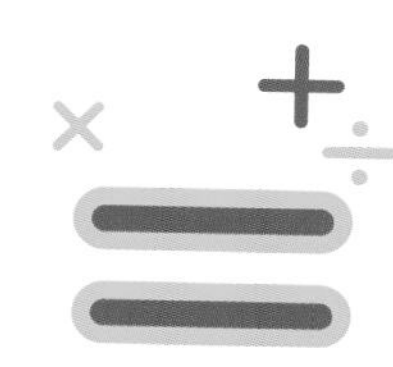

계산력

초등 수학의 핵심이자 기본 바탕

계산 과정의 실수가 잦다!
계산을 하긴 하는데 시간이 오래 걸린다!
계산은 하는데 계산 개념을 정확히 모른다!
그래서 계산 개념을 익히고 속도와 정확성을
높이기 위한 훈련을 통해 계산력을 키워야 합니다.

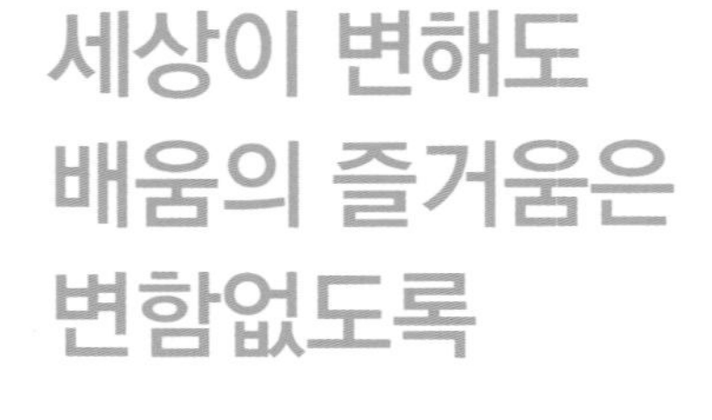

시대는 빠르게 변해도
배움의 즐거움은
변함없어야 하기에

어제의 비상은
남다른 교재부터
결이 다른 콘텐츠
전에 없던 교육 플랫폼까지

변함없는 혁신으로
교육 문화 환경의 새로운 전형을
실현해왔습니다.

비상은 오늘, 다시 한번
새로운 교육 문화 환경을 실현하기 위한
또 하나의 혁신을 시작합니다.

오늘의 내가 어제의 나를 초월하고
오늘의 교육이 어제의 교육을 초월하여
배움의 즐거움을 지속하는 혁신,

바로, 메타인지 기반 완전 학습을.

상상을 실현하는 교육 문화 기업 비상

메타인지 기반 완전 학습

초월을 뜻하는 meta와 생각을 뜻하는 인지가 결합한 메타인지는
자신이 알고 모르는 것을 스스로 구분하고 학습계획을 세우도록 하는
궁극의 학습 능력입니다. 비상의 메타인지 기반 완전 학습 시스템은
잠들어 있는 메타인지를 깨워 공부를 100% 내 것으로 만들도록 합니다.

소리 내어 외우는

곱셈구구

완자 공부력

2씩 커지는 2단

2×1 = 2
2×2 = 4
2×3 = 6
2×4 = 8
2×5 = 10
2×6 = 12
2×7 = 14
2×8 = 16
2×9 = 18

3씩 커지는 3단

3×1 = 3
3×2 = 6
3×3 = 9
3×4 = 12
3×5 = 15
3×6 = 18
3×7 = 21
3×8 = 24
3×9 = 27

4씩 커지는 4단

4×1 = 4
4×2 = 8
4×3 = 12
4×4 = 16
4×5 = 20
4×6 = 24
4×7 = 28
4×8 = 32
4×9 = 36

5씩 커지는 5단

5×1 = 5
5×2 = 10
5×3 = 15
5×4 = 20
5×5 = 25
5×6 = 30
5×7 = 35
5×8 = 40
5×9 = 45

6씩 커지는 6단

6×1 = 6
6×2 = 12
6×3 = 18
6×4 = 24
6×5 = 30
6×6 = 36
6×7 = 42
6×8 = 48
6×9 = 54

7씩 커지는 7단

7×1 = 7
7×2 = 14
7×3 = 21
7×4 = 28
7×5 = 35
7×6 = 42
7×7 = 49
7×8 = 56
7×9 = 63

8씩 커지는 8단

8×1 = 8
8×2 = 16
8×3 = 24
8×4 = 32
8×5 = 40
8×6 = 48
8×7 = 56
8×8 = 64
8×9 = 72

9씩 커지는 9단

9×1 = 9
9×2 = 18
9×3 = 27
9×4 = 36
9×5 = 45
9×6 = 54
9×7 = 63
9×8 = 72
9×9 = 81

완자 공부력

쓰고 지우며 익히는

곱셈구구

- 수성 펜으로 쓰면 물 휴지로 쉽게 지울 수 있어요.

2단

2× ___ = ___
2× ___ = ___
2× ___ = ___
2× ___ = ___
2× ___ = ___
2× ___ = ___
2× ___ = ___
2× ___ = ___
2× ___ = ___

3단

3× ___ = ___
3× ___ = ___
3× ___ = ___
3× ___ = ___
3× ___ = ___
3× ___ = ___
3× ___ = ___
3× ___ = ___
3× ___ = ___

4단

4× ___ = ___
4× ___ = ___
4× ___ = ___
4× ___ = ___
4× ___ = ___
4× ___ = ___
4× ___ = ___
4× ___ = ___
4× ___ = ___

5단

5× ___ = ___
5× ___ = ___
5× ___ = ___
5× ___ = ___
5× ___ = ___
5× ___ = ___
5× ___ = ___
5× ___ = ___
5× ___ = ___

6단

6× ___ = ___
6× ___ = ___
6× ___ = ___
6× ___ = ___
6× ___ = ___
6× ___ = ___
6× ___ = ___
6× ___ = ___
6× ___ = ___

7단

7× ___ = ___
7× ___ = ___
7× ___ = ___
7× ___ = ___
7× ___ = ___
7× ___ = ___
7× ___ = ___
7× ___ = ___
7× ___ = ___

8단

8× ___ = ___
8× ___ = ___
8× ___ = ___
8× ___ = ___
8× ___ = ___
8× ___ = ___
8× ___ = ___
8× ___ = ___
8× ___ = ___

9단

9× ___ = ___
9× ___ = ___
9× ___ = ___
9× ___ = ___
9× ___ = ___
9× ___ = ___
9× ___ = ___
9× ___ = ___
9× ___ = ___

완자

공부력

초등 수학

계산 2B

초등 수학 계산 단계별 구성

1A	1B	2A	2B	3A	3B
9까지의 수	100까지의 수	세 자리 수	네 자리 수	세 자리 수의 덧셈	곱하는 수가 한·두 자리 수인 곱셈
9까지의 수 모으기, 가르기	받아올림이 없는 두 자리 수의 덧셈	받아올림이 있는 두 자리 수의 덧셈	곱셈구구	세 자리 수의 뺄셈	나누는 수가 한 자리 수인 나눗셈
한 자리 수의 덧셈	받아내림이 없는 두 자리 수의 뺄셈	받아내림이 있는 두 자리 수의 뺄셈	길이(m, cm)의 합과 차	나눗셈의 의미	분수로 나타내기, 분수의 종류
한 자리 수의 뺄셈	10이 되는 더하기, 10에서 빼기	세 수의 덧셈과 뺄셈	시각과 시간	곱하는 수가 한 자리 수인 곱셈	들이·무게의 합과 차
50까지의 수	받아올림이 있는 (몇)+(몇), 받아내림이 있는 (십몇)-(몇)	곱셈의 의미		길이(cm와 mm, km와 m)·시간의 합과 차	
				분수와 소수의 의미	

1 네 자리 수

네 자리 수의 **개념**을 알고,
네 자리 수의 **자릿값**과 **나타내는 값**을 이해하는 것이 중요한

천, 몇천

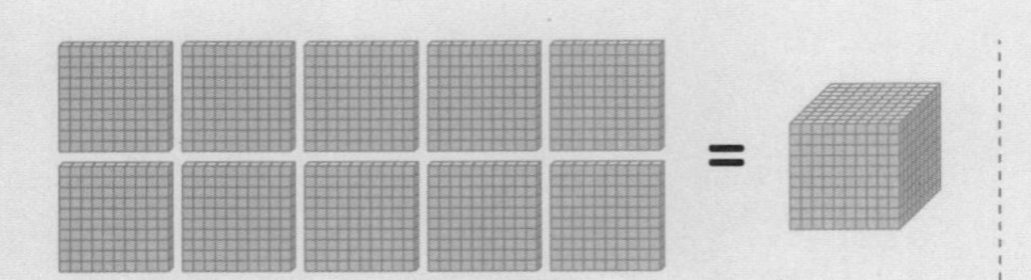

- 100이 10개인 수
  → 쓰기 1000 읽기 천
- 900보다 100만큼 더 큰 수입니다.

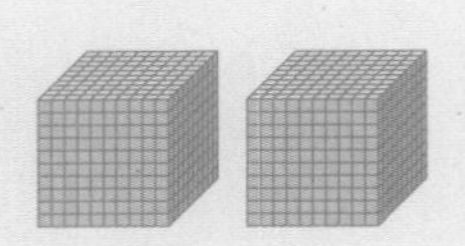

- 1000이 2개인 수
  → 쓰기 2000 읽기 이천

참고 1000이 ■개인 수 → ■000

○ 수 모형을 보고 □ 안에 알맞은 수를 써넣으세요.

1

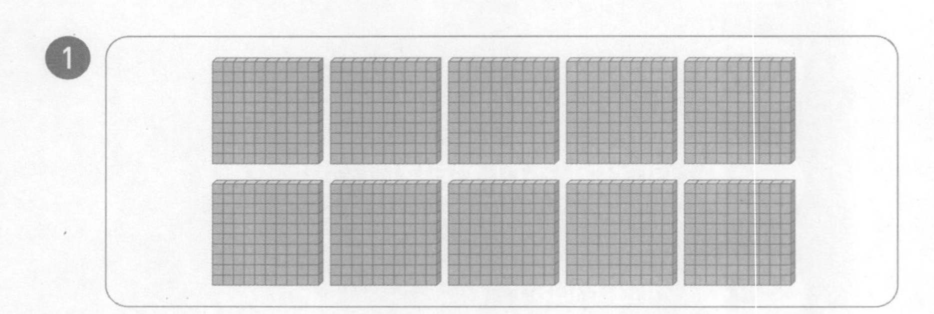

100이 □개인 수

⇨ □

2

990보다 □만큼

더 큰 수 ⇨ □

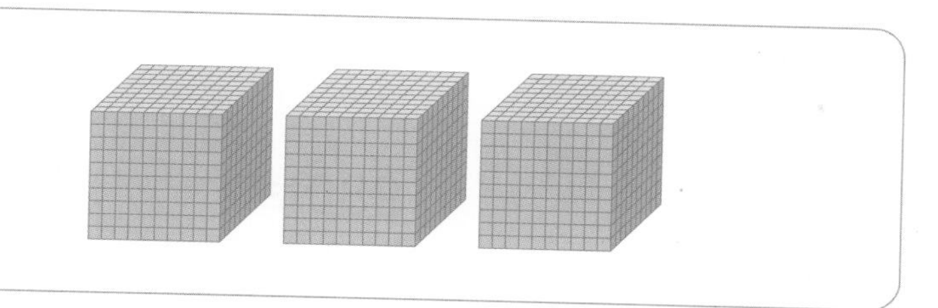

1000이 ☐ 개인 수

⇨ 

4

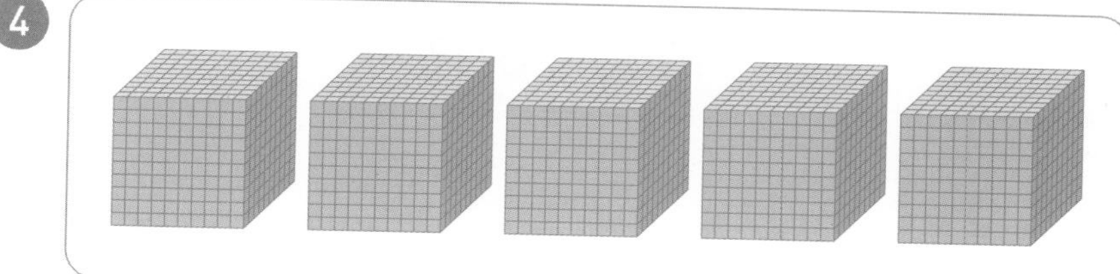

1000이 ☐ 개인 수

⇨ 

5

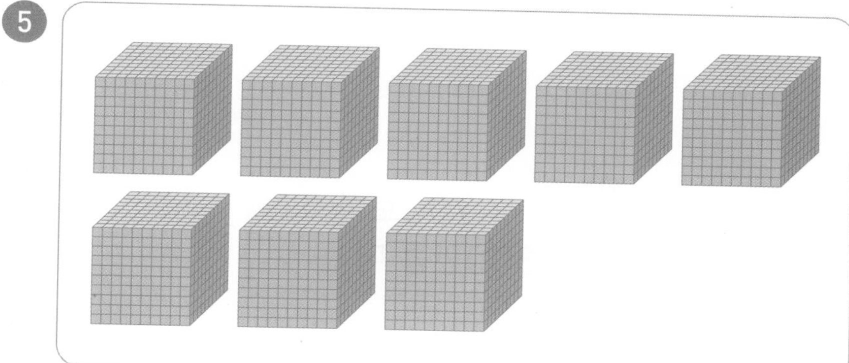

1000이 ☐ 개인 수

⇨ ☐

6

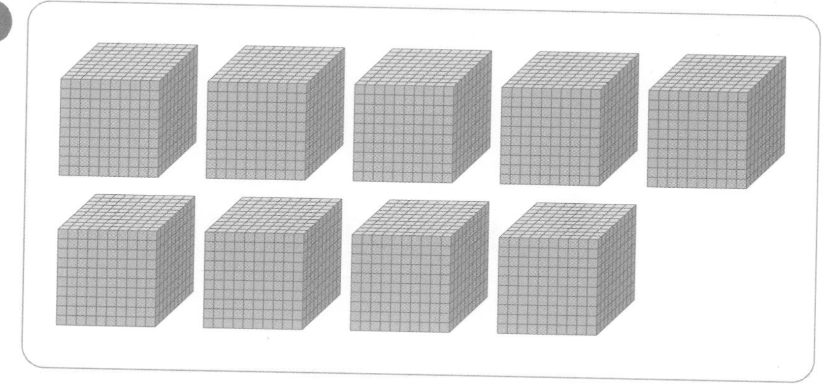

1000이 ☐ 개인 수

⇨ 

○ ▢ 안에 알맞은 수를 써넣으세요.

⑦ 999보다 1만큼 더 큰 수 ⇨ ▢

⑧ 1000이 2개인 수 ⇨ ▢

⑨ 900보다 100만큼 더 큰 수 ⇨ ▢

⑩ 1000이 4개인 수 ⇨ ▢

⑪ 100이 10개인 수 ⇨ ▢

⑫ 800보다 200만큼 더 큰 수 ⇨ ▢

⑬ 980보다 20만큼 더 큰 수 ⇨ ▢

⑭ 1000이 6개인 수 ⇨ ▢

⑮ 1000이 8개인 수 ⇨ ▢

⑯ 700보다 300만큼 더 큰 수 ⇨ ▢

⑰ 1000이 9개인 수 ⇨ ▢

⑱ 100이 50개인 수 ⇨ ▢

수를 읽어 보세요.

19 1000

20 6000

21 3000

22 7000

23 4000

24 8000

25 2000

수로 나타내어 보세요.

26 삼천

27 오천

28 구천

29 육천

30 이천

31 칠천

32 사천

네 자리 수

천 모형	백 모형	십 모형	일 모형
1000이 2개	100이 3개	10이 4개	1이 6개

1000이 2개, 100이 3개, 10이 4개, 1이 6개인 수 → 쓰기 2346 읽기 이천삼백사십육

참고 읽은 것을 보고 수로 쓸 때 읽지 않은 자리에는 0을 씁니다.

○ 수 모형을 보고 빈 곳에 알맞은 숫자를 써넣고, 나타내는 수를 써 보세요.

1

1000이 ___개	100이 ___개	10이 ___개	1이 ___개

⇨ 나타내는 수: ☐

2

1000이 ___개	100이 ___개	10이 ___개	1이 ___개

⇨ 나타내는 수: ☐

○ 수 모형이 나타내는 수를 ▢ 안에 써넣으세요.

3

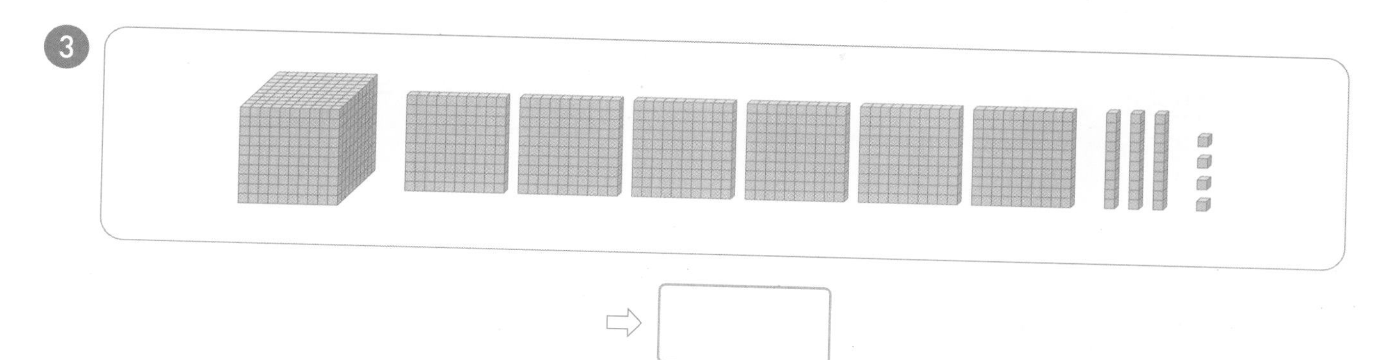

⇨ ▢

4

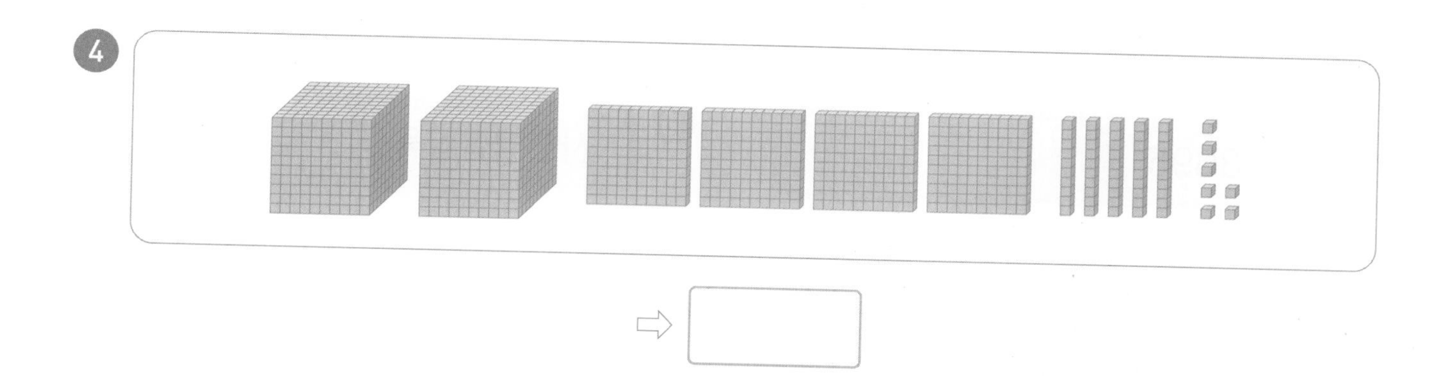

⇨ ▢

5

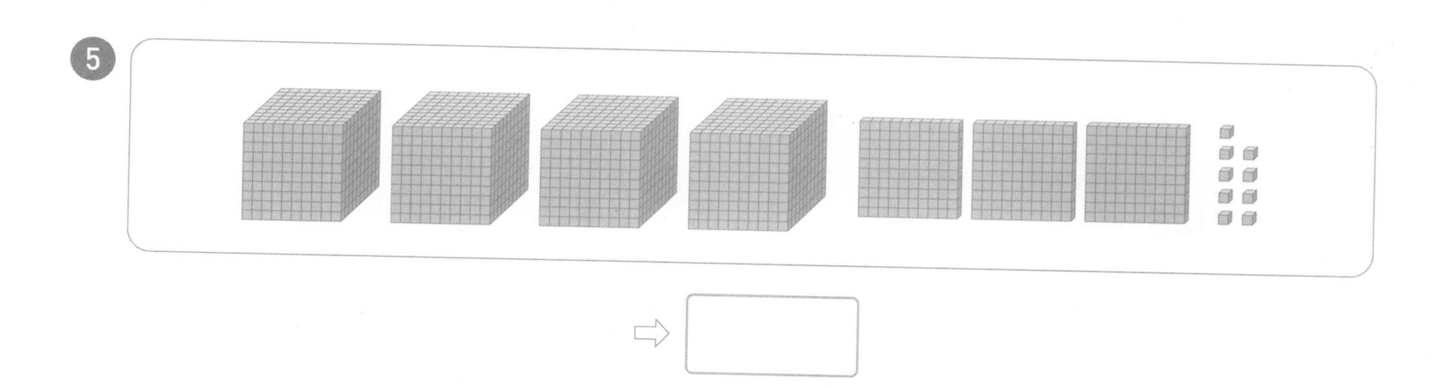

⇨ ▢

6

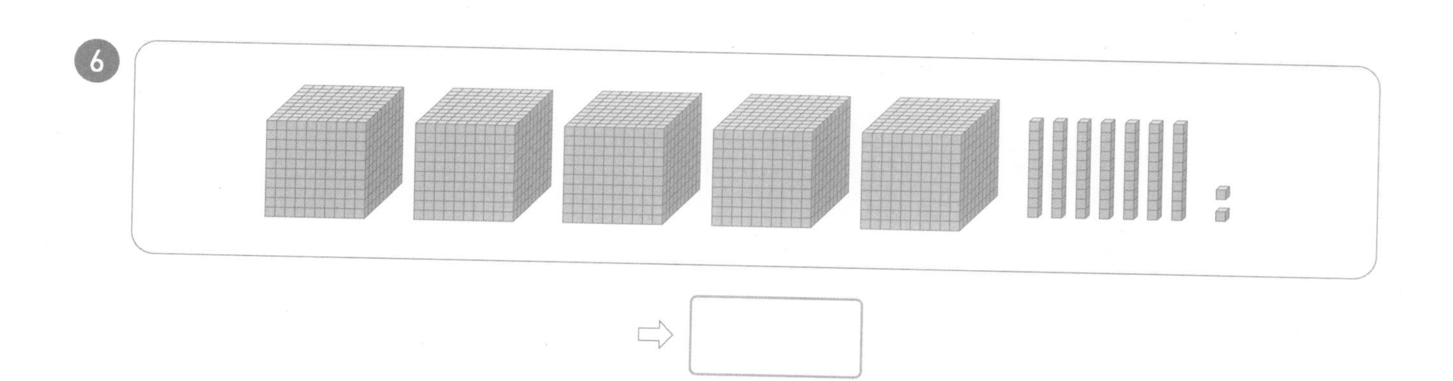

⇨ ▢

수를 읽어 보세요.

7. 1584
8. 2073
9. 3695
10. 5708
11. 7146
12. 8420
13. 9351

수로 나타내어 보세요.

14. 이천육백십오
15. 삼천구백
16. 사천백팔십육
17. 육천칠
18. 칠천사백이십구
19. 팔천이백칠십삼
20. 구천삼십사

○ □ 안에 알맞은 수를 써넣으세요.

㉑

㉒ 1000이 2개, 100이 8개, 10이 0개, 1이 1개 이면 □

㉓ 1000이 3개, 100이 6개, 10이 9개, 1이 2개 이면 □

㉔ 1000이 4개, 100이 5개, 10이 7개, 1이 9개 이면 □

㉕

㉖

㉗ 1000이 8개, 100이 0개, 10이 1개, 1이 4개 이면 □

㉘ 1000이 9개, 100이 2개, 10이 0개, 1이 6개 이면 □

03 네 자리 수의 자릿값

5627에서 각 자리 숫자가 나타내는 값

천의 자리	백의 자리	십의 자리	일의 자리
5	6	2	7

↓

5	0	0	0
	6	0	0
		2	0
			7

5627에서
5는 천의 자리 숫자이고, 5000을 나타냅니다.
6은 백의 자리 숫자이고, 600을 나타냅니다.
2는 십의 자리 숫자이고, 20을 나타냅니다.
7은 일의 자리 숫자이고, 7을 나타냅니다.

$5627 = 5000 + 600 + 20 + 7$

주어진 수를 보고 빈칸에 알맞은 수를 써넣으세요.

① 1738 ⇨

1000이 1개	100이 7개	10이 3개	1이 8개

1738 = □ + □ + □ + □

② 3265 ⇨

1000이 3개	100이 2개	10이 6개	1이 5개

3265 = □ + □ + □ + □

○ 주어진 수를 보고 빈칸에 알맞은 숫자를 써넣으세요.

3 2649

천의 자리	백의 자리	십의 자리	일의 자리

4 4063

천의 자리	백의 자리	십의 자리	일의 자리

5 5817

천의 자리	백의 자리	십의 자리	일의 자리

6 7305

천의 자리	백의 자리	십의 자리	일의 자리

7 9421

천의 자리	백의 자리	십의 자리	일의 자리

○ 주어진 수를 보고 빈칸에 각 자리 숫자와 그 숫자가 나타내는 값을 써넣으세요.

8 2074

	천의 자리	백의 자리	십의 자리	일의 자리
자리 숫자				
나타내는 값				

9 4618

	천의 자리	백의 자리	십의 자리	일의 자리
자리 숫자				
나타내는 값				

10 6309

	천의 자리	백의 자리	십의 자리	일의 자리
자리 숫자				
나타내는 값				

11 9543

	천의 자리	백의 자리	십의 자리	일의 자리
자리 숫자				
나타내는 값				

밑줄 친 숫자가 나타내는 값을 찾아 ○표 하세요.

⑫

1628		
2000	200	20

⑬

2743		
300	30	3

⑭

3816		
8000	800	80

⑮

4253		
4000	400	4

⑯

4901		
100	10	1

⑰

5393		
5000	500	50

⑱

6429		
900	90	9

⑲

7102		
7000	700	70

⑳

7652		
600	60	6

㉑

8370		
7000	700	70

㉒

8625		
8000	800	80

㉓

9038		
300	30	3

계산 Plus+

네 자리 수

○ □ 안에 알맞은 수를 써넣으세요.

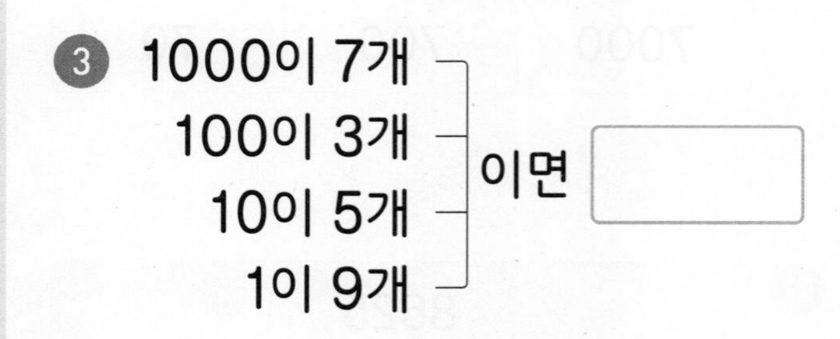

❹ 1000이 8개
100이 4개
10이 0개
1이 6개
이면 □

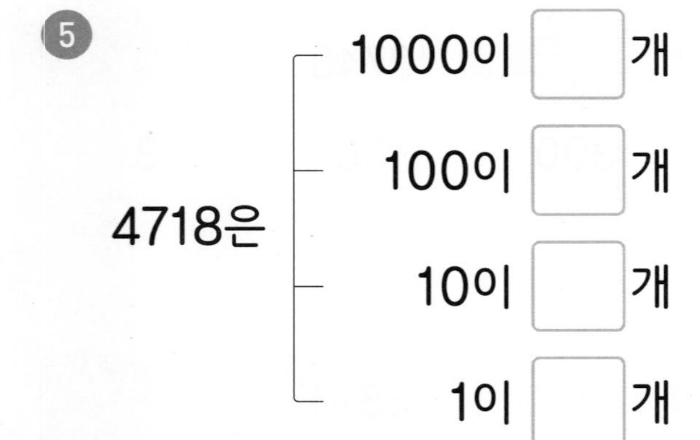

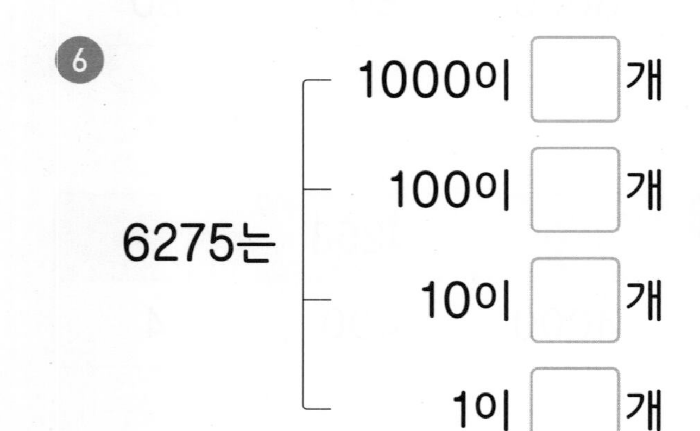

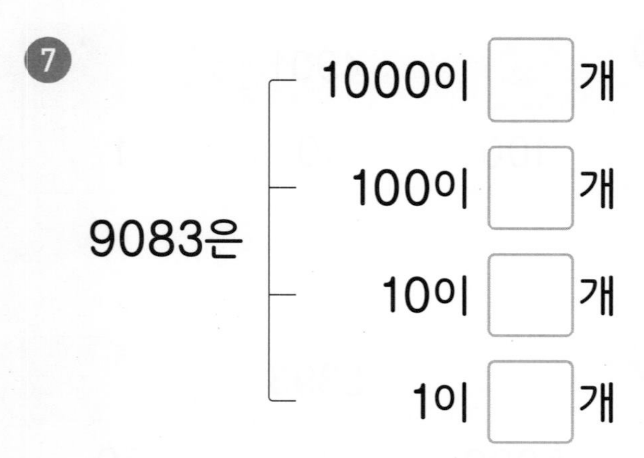

○ **빈칸에 빨간색 숫자가 나타내는 값을 써넣으세요.**

8 | 1658 | |

9 | 2409 | |

10 | 2734 | |

11 | 3295 | |

12 | 4620 | |

13 | 5312 | |

14 | 5923 | |

15 | 6097 | |

16 | 6845 | |

17 | 7427 | |

18 | 8201 | |

19 | 9163 | |

○ 관계있는 것끼리 선으로 이어 보세요.

설명에 해당하는 수를 찾아 나타내는 색으로 색칠해 보세요.

천의 자리 숫자가 5인 수	십의 자리 숫자와 일의 자리 숫자가 같은 수	백의 자리 숫자가 나타내는 값이 400인 수	천의 자리 숫자가 나타내는 값이 6000인 수

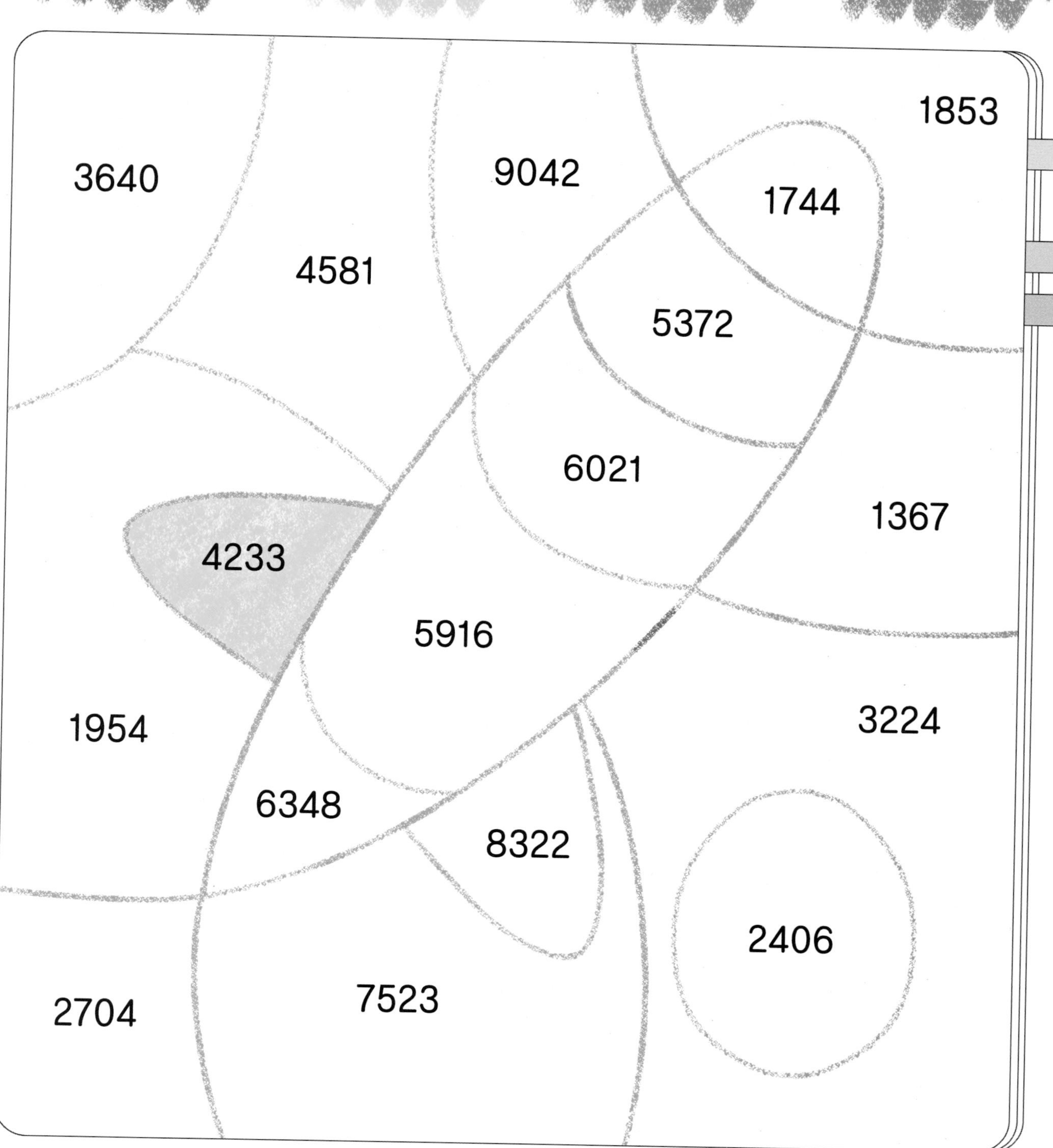

뛰어 세기

뛰어 세기

- **1000**씩 뛰어 세기: 천의 자리 수가 1씩 커집니다.
  1000−2000−3000−4000−5000−6000−7000−8000−9000
- **100**씩 뛰어 세기: 백의 자리 수가 1씩 커집니다.
  3100−3200−3300−3400−3500−3600−3700−3800−3900
- **10**씩 뛰어 세기: 십의 자리 수가 1씩 커집니다.
  4610−4620−4630−4640−4650−4660−4670−4680−4690
- **1**씩 뛰어 세기: 일의 자리 수가 1씩 커집니다.
  7351−7352−7353−7354−7355−7356−7357−7358−7359

1000씩 뛰어 세어 보세요.

1

2 3672 − 4672 − ( ) − 6672 − ( ) − ( )

3 4810 − 5810 − ( ) − ( ) − 8810 − ( )

● 100씩 뛰어 세어 보세요.

4

5

● 10씩 뛰어 세어 보세요.

6
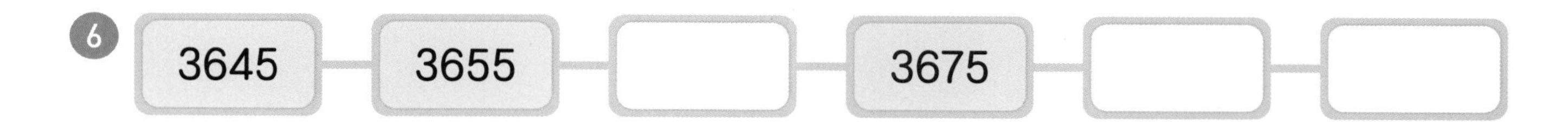

7

● 1씩 뛰어 세어 보세요.

8
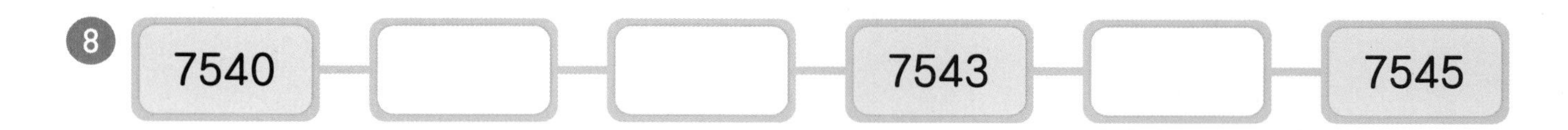

9

○ 몇씩 뛰어 세었는지 구해 보세요.

⑩ 2600 - 3600 - 4600 - 5600

⇨ (   )씩

⑪ 3269 - 3279 - 3289 - 3299

⇨ (   )씩

⑫ 7436 - 7536 - 7636 - 7736

⇨ (   )씩

⑬ 5429 - 6429 - 7429 - 8429

⇨ (   )씩

⑭ 4183 - 4184 - 4185 - 4186

⇨ (   )씩

⑮ 2157 - 2257 - 2357 - 2457

⇨ (   )씩

⑯ 9768 - 9769 - 9770 - 9771

⇨ (   )씩

⑰ 6732 - 6832 - 6932 - 7032

⇨ (   )씩

⑱ 2695 - 2705 - 2715 - 2725

⇨ (   )씩

⑲ 8420 - 8425 - 8430 - 8435

⇨ (   )씩

○ 뛰어 세는 규칙을 찾아 빈칸에 알맞은 수를 써넣으세요.

20
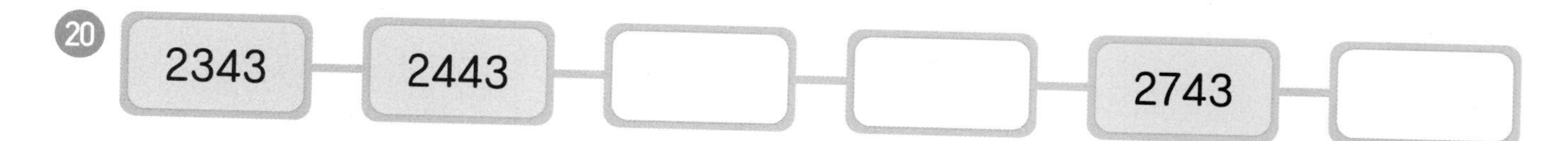

21
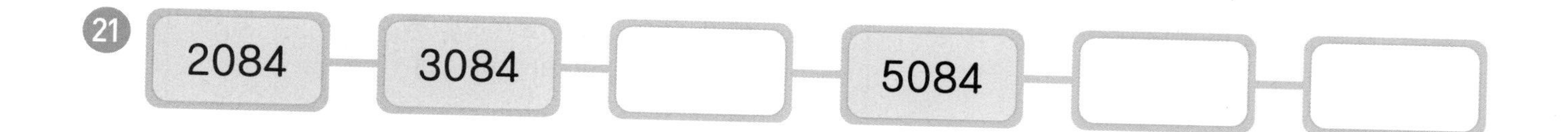

22

23
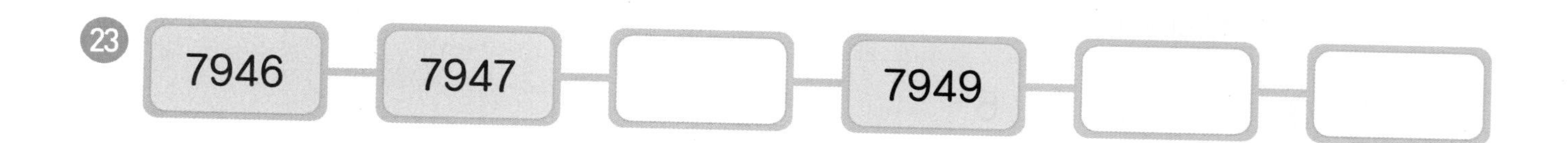

24

25
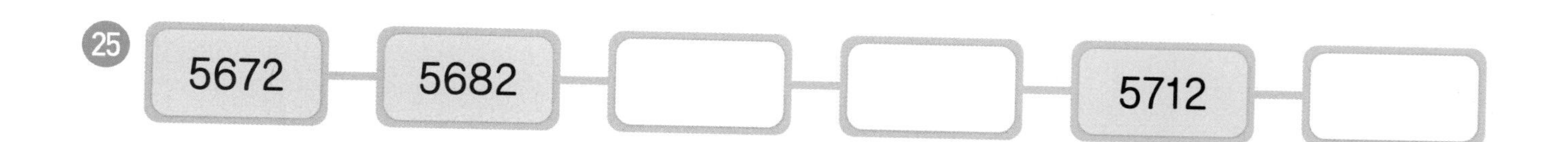

26
4650 — ☐ — ☐ — 4665 — 4670 — ☐

두 수의 크기 비교

천의 자리 수가 다르면 **천의 자리의 수가 큰 수**가 더 큽니다.

3684 < 5172

3 < 5

천의 자리 수가 같으면 **'백 → 십 → 일'의 자리** 순서대로 비교합니다.

2453 > 2169

4 > 1

○ 빈칸에 알맞은 숫자를 써넣고, 두 수의 크기를 비교하여 ◯ 안에 > 또는 <를 알맞게 써넣으세요.

1

	천의 자리	백의 자리	십의 자리	일의 자리
2673	2	6	7	3
3259				

⇨ 2673 ◯ 3259

2

	천의 자리	백의 자리	십의 자리	일의 자리
5728				
5462				

⇨ 5728 ◯ 5462

3

	천의 자리	백의 자리	십의 자리	일의 자리
3654				
3921				

⇨ 3654 ◯ 3921

4

	천의 자리	백의 자리	십의 자리	일의 자리
6175				
6183				

⇨ 6175 ◯ 6183

5

	천의 자리	백의 자리	십의 자리	일의 자리
8312				
8309				

⇨ 8312 ◯ 8309

6

	천의 자리	백의 자리	십의 자리	일의 자리
7824				
7826				

⇨ 7824 ◯ 7826

- 더 큰 수에 ◯표 하세요.

⑦ 9000 7000

⑧ 3562 3809

⑨ 4684 4687

⑩ 9462 9280

⑪ 5941 5927

⑫ 6203 8001

⑬ 7018 7030

- 더 작은 수에 △표 하세요.

⑭ 3500 3600

⑮ 6527 6524

⑯ 9742 9708

⑰ 4600 6240

⑱ 8030 8007

⑲ 7285 7842

⑳ 5826 5828

○ 두 수의 크기를 비교하여 ◯ 안에 > 또는 <를 알맞게 써넣으세요.

㉑ 5000 ◯ 8000

㉒ 7028 ◯ 5765

㉓ 3685 ◯ 3728

㉔ 2183 ◯ 2134

㉕ 1754 ◯ 1760

㉖ 4656 ◯ 4624

㉗ 8345 ◯ 8343

㉘ 5700 ◯ 5400

㉙ 3245 ◯ 3247

㉚ 4456 ◯ 3972

㉛ 2971 ◯ 2980

㉜ 7243 ◯ 7249

㉝ 6802 ◯ 6597

㉞ 8456 ◯ 8457

㉟ 3290 ◯ 3240

㊱ 1906 ◯ 2081

㊲ 5163 ◯ 5174

㊳ 7540 ◯ 6995

㊴ 2627 ◯ 2493

㊵ 5845 ◯ 5847

㊶ 9638 ◯ 9710

07 세 수의 크기 비교

3265, 3475, 5173의 크기 비교

❶ 천의 자리 수를 한꺼번에 비교합니다.

3265 3475 5173

3<5

→ **가장 큰 수는 5173입니다.**

❷ 남은 두 수를 '백 → 십 → 일'의 자리 순서대로 비교합니다.

3265 3475

2<4

→ **가장 작은 수는 3265입니다.**

빈칸에 알맞은 숫자를 써넣고, 가장 큰 수를 찾아 써 보세요.

1

	천의 자리	백의 자리	십의 자리	일의 자리
2836	2	8	3	6
4215				
3689				

(　　　　　　)

2

	천의 자리	백의 자리	십의 자리	일의 자리
5624				
6207				
6048				

(　　　　　　)

빈칸에 알맞은 숫자를 써넣고, 가장 작은 수를 찾아 써 보세요.

3

	천의 자리	백의 자리	십의 자리	일의 자리
6473				
3854				
4297				

(   )

4

	천의 자리	백의 자리	십의 자리	일의 자리
7625				
8204				
7483				

(   )

5

	천의 자리	백의 자리	십의 자리	일의 자리
5480				
5463				
5467				

(   )

○ 가장 큰 수를 찾아 ○표 하세요.

6 | 4000 | 6000 | 5000

7 | 5624 | 4896 | 5247

8 | 2850 | 2856 | 1756

9 | 3275 | 3464 | 3501

10 | 5430 | 4800 | 7000

11 | 6461 | 6472 | 6454

12 | 3749 | 7351 | 7428

13 | 2960 | 3519 | 5035

14 | 3743 | 2425 | 3728

15 | 7430 | 7073 | 7254

16 | 4874 | 4905 | 4927

17 | 5214 | 5248 | 5247

18 | 6953 | 7025 | 7018

19 | 9167 | 9162 | 9169

○ **가장 작은 수를 찾아 △표 하세요.**

⑳ 8000 3000 7000

㉑ 5490 6125 5500

㉒ 4180 2355 3008

㉓ 6346 7064 6342

㉔ 7000 4532 4825

㉕ 6348 5902 5900

㉖ 7845 7837 9120

㉗ 4982 7200 5430

㉘ 5147 4876 4063

㉙ 7956 8005 7980

㉚ 3826 3485 3290

㉛ 5462 5369 5361

㉜ 6534 6735 6546

㉝ 8641 8632 8627

계산 Plus+

뛰어 세기, 수의 크기 비교

○ 주어진 수만큼 거꾸로 뛰어 세어 보세요.

번호	뛰어 세기							
❶	1000씩	➡	6450	5450	4450			
❷	100씩	➡	3865		3665		3465	
❸	10씩	➡	7350		7330	7320		
❹	1씩	➡	8461	8460				8456
❺	100씩	➡	6982			6682		6482
❻	5씩	➡	4285	4280				

○ 빈칸에 밑줄 친 숫자가 나타내는 값을 써넣으세요.

⑪ 
5<u>4</u>87 → [ ]

⑫ <u>8</u>109 → [ ]

○ 뛰어 세는 규칙을 찾아 빈칸에 알맞은 수를 써넣으세요.

⑬ 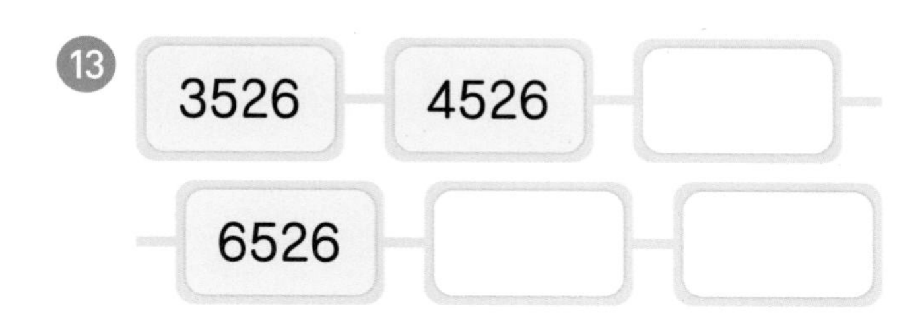
3526 – 4526 – [ ] – 6526 – [ ] – [ ]

⑭ 5784 – [ ] – [ ] – 5814 – 5824 – [ ]

⑮ 6852 – 6952 – [ ] – [ ] – 7252 – [ ]

○ 두 수의 크기를 비교하여 ○ 안에 > 또는 <를 알맞게 써넣으세요.

⑯ 2876 ○ 4043

⑰ 7456 ○ 7394

⑱ 5627 ○ 5653

○ 가장 큰 수에 ○표, 가장 작은 수에 △표 하세요.

⑲ 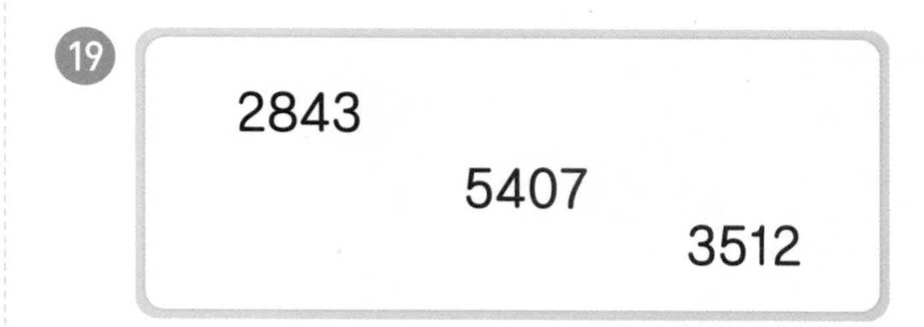
2843 5407 3512

⑳ 6762 6754 6765

2 곱셈구구

곱셈구구를 **이해**하고,
익숙하게 **외우는** 훈련이 중요한

10 2단 곱셈구구

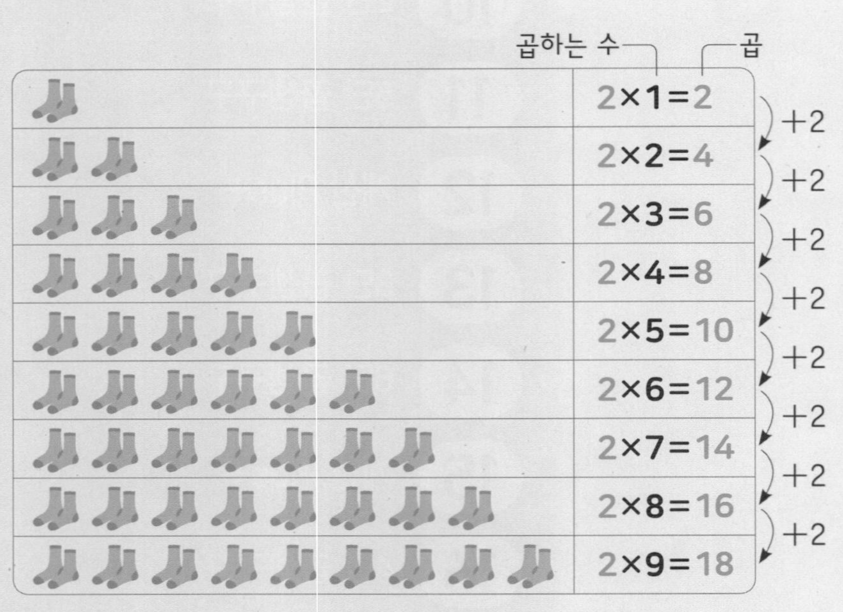

2단 곱셈구구에서 곱하는 수가 **1**씩 커지면 그 곱은 2씩 커집니다.

○ 체리는 모두 몇 개인지 ☐ 안에 알맞은 수를 써넣으세요.

①

$2\times3=$ ☐

②

$2\times6=$ ☐

③

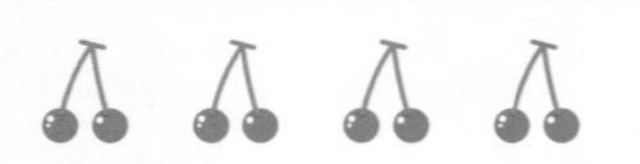

$2\times4=$ ☐

④

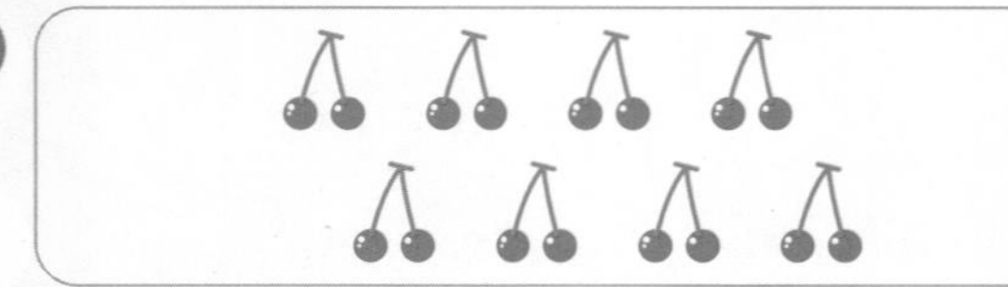

$2\times8=$ ☐

○ 빈 곳에 알맞은 수를 써넣으세요.

5

$2 \times 1 = \_\_\_$
$2 \times 2 = 4$
$2 \times 3 = \_\_\_$
$2 \times 4 = 8$
$2 \times 5 = \_\_\_$
$2 \times 6 = \_\_\_$
$2 \times 7 = 14$
$2 \times 8 = \_\_\_$
$2 \times 9 = 18$

7

$2 \times \_\_\_ = 2$
$2 \times 2 = 4$
$2 \times \_\_\_ = 6$
$2 \times 4 = 8$
$2 \times 5 = 10$
$2 \times \_\_\_ = 12$
$2 \times 7 = 14$
$2 \times \_\_\_ = 16$
$2 \times \_\_\_ = 18$

6

$2 \times 1 = 2$
$2 \times 2 = \_\_\_$
$2 \times 3 = \_\_\_$
$2 \times 4 = \_\_\_$
$2 \times 5 = \_\_\_$
$2 \times 6 = 12$
$2 \times 7 = \_\_\_$
$2 \times 8 = 16$
$2 \times 9 = \_\_\_$

8

$2 \times 1 = 2$
$2 \times \_\_\_ = 4$
$2 \times 3 = 6$
$2 \times \_\_\_ = 8$
$2 \times \_\_\_ = 10$
$2 \times 6 = 12$
$2 \times \_\_\_ = 14$
$2 \times \_\_\_ = 16$
$2 \times \_\_\_ = 18$

○ ☐ 안에 알맞은 수를 써넣으세요.

❾ $2\times1=$ ☐

❿ $2\times2=$ ☐

⓫ $2\times3=$ ☐

⓬ $2\times4=$ ☐

⓭ $2\times5=$ ☐

⓮ $2\times6=$ ☐

⓯ $2\times7=$ ☐

⓰ $2\times8=$ ☐

⓱ $2\times9=$ ☐

⓲ $2\times5=$ ☐

⓳ $2\times2=$ ☐

⓴ $2\times4=$ ☐

㉑ $2\times7=$ ☐

㉒ $2\times6=$ ☐

㉓ $2\times3=$ ☐

㉔ $2\times1=$ ☐

㉕ $2\times9=$ ☐

㉖ $2\times6=$ ☐

㉗ $2\times8=$ ☐

㉘ $2\times2=$ ☐

㉙ $2\times5=$ ☐

㉚ $2\times4=\square$

㉛ $2\times7=\square$

㉜ $2\times2=\square$

㉝ $2\times9=\square$

㉞ $2\times3=\square$

㉟ $2\times8=\square$

㊱ $2\times6=\square$

㊲ $2\times\square=4$

㊳ $2\times\square=18$

㊴ $2\times\square=16$

㊵ $2\times\square=12$

㊶ $2\times\square=10$

㊷ $2\times\square=8$

㊸ $2\times\square=14$

㊹ $2\times\square=6$

㊺ $2\times\square=2$

㊻ $2\times\square=14$

㊼ $2\times\square=10$

㊽ $2\times\square=16$

㊾ $2\times\square=18$

㊿ $2\times\square=8$

11 5단 곱셈구구

✿	5×1=5
✿✿	5×2=10
✿✿✿	5×3=15
✿✿✿✿	5×4=20
✿✿✿✿✿	5×5=25
✿✿✿✿✿✿	5×6=30
✿✿✿✿✿✿✿	5×7=35
✿✿✿✿✿✿✿✿	5×8=40
✿✿✿✿✿✿✿✿✿	5×9=45

(각 단계 +5)

5단 곱셈구구에서 곱하는 수가 **1**씩 커지면 그 **곱은 5씩 커집니다.**

○ 딸기는 모두 몇 개인지 □ 안에 알맞은 수를 써넣으세요.

❶

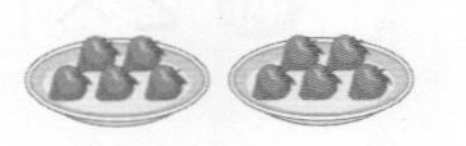

$5\times2=\square$

❷

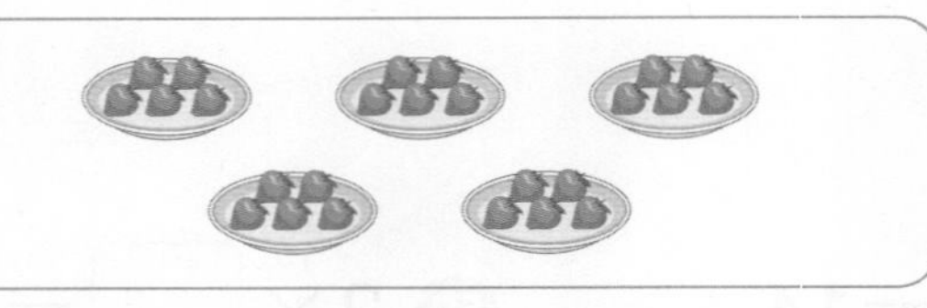

$5\times5=\square$

❸

$5\times3=\square$

❹

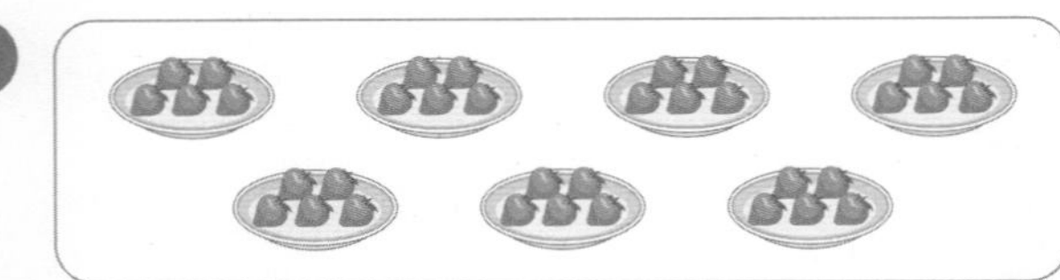

$5\times7=\square$

○ 빈 곳에 알맞은 수를 써넣으세요.

⑤

5 × 1 = 5
5 × 2 = ___
5 × 3 = 15
5 × 4 = ___
5 × 5 = 25
5 × 6 = ___
5 × 7 = ___
5 × 8 = 40
5 × 9 = ___

⑦

5 × ___ = 5
5 × 2 = 10
5 × ___ = 15
5 × 4 = 20
5 × ___ = 25
5 × 6 = 30
5 × ___ = 35
5 × ___ = 40
5 × 9 = 45

⑥

5 × 1 = ___
5 × 2 = 10
5 × 3 = ___
5 × 4 = 20
5 × 5 = ___
5 × 6 = 30
5 × 7 = ___
5 × 8 = ___
5 × 9 = ___

⑧

5 × ___ = 5
5 × ___ = 10
5 × 3 = 15
5 × ___ = 20
5 × 5 = 25
5 × ___ = 30
5 × 7 = 35
5 × ___ = 40
5 × ___ = 45

○ □ 안에 알맞은 수를 써넣으세요.

⑨ $5\times1=\square$

⑩ $5\times2=\square$

⑪ $5\times3=\square$

⑫ $5\times4=\square$

⑬ $5\times5=\square$

⑭ $5\times6=\square$

⑮ $5\times7=\square$

⑯ $5\times8=\square$

⑰ $5\times9=\square$

⑱ $5\times5=\square$

⑲ $5\times3=\square$

⑳ $5\times1=\square$

㉑ $5\times6=\square$

㉒ $5\times9=\square$

㉓ $5\times2=\square$

㉔ $5\times4=\square$

㉕ $5\times8=\square$

㉖ $5\times7=\square$

㉗ $5\times9=\square$

㉘ $5\times1=\square$

㉙ $5\times5=\square$

㉚ $5 \times 3 = \square$

㉛ $5 \times 7 = \square$

㉜ $5 \times 4 = \square$

㉝ $5 \times 2 = \square$

㉞ $5 \times 5 = \square$

㉟ $5 \times 8 = \square$

㊱ $5 \times 6 = \square$

㊲ $5 \times \square = 5$

㊳ $5 \times \square = 45$

㊴ $5 \times \square = 30$

㊵ $5 \times \square = 25$

㊶ $5 \times \square = 35$

㊷ $5 \times \square = 15$

㊸ $5 \times \square = 20$

㊹ $5 \times \square = 40$

㊺ $5 \times \square = 10$

㊻ $5 \times \square = 45$

㊼ $5 \times \square = 15$

㊽ $5 \times \square = 20$

㊾ $5 \times \square = 30$

㊿ $5 \times \square = 35$

12 계산 Plus+

2단, 5단 곱셈구구

○ 빈칸에 알맞은 수를 써넣으세요.

1
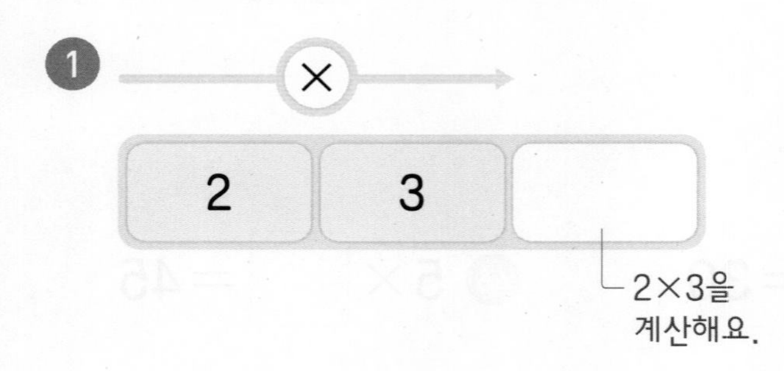

2
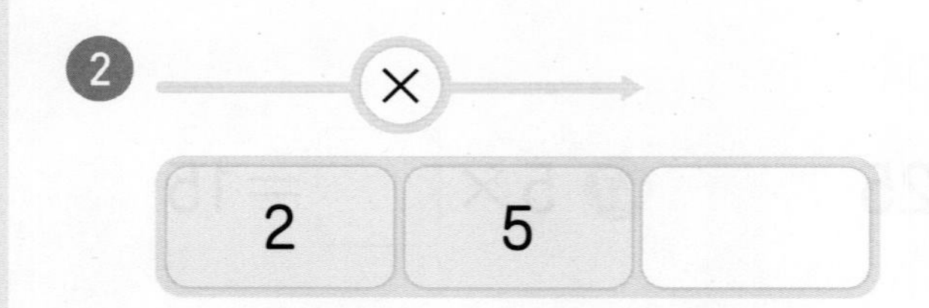

3

× 2 6

4
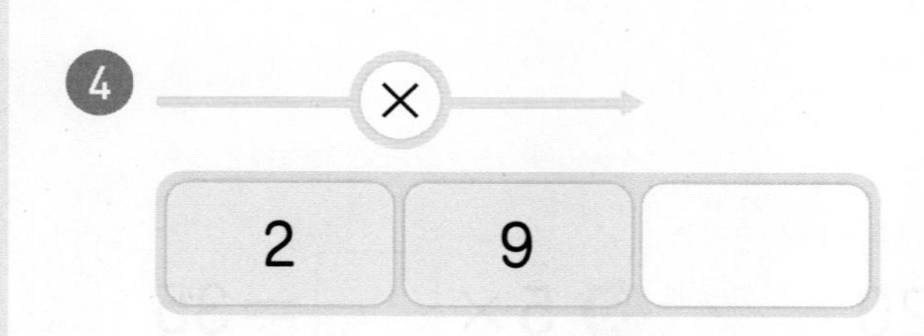

5
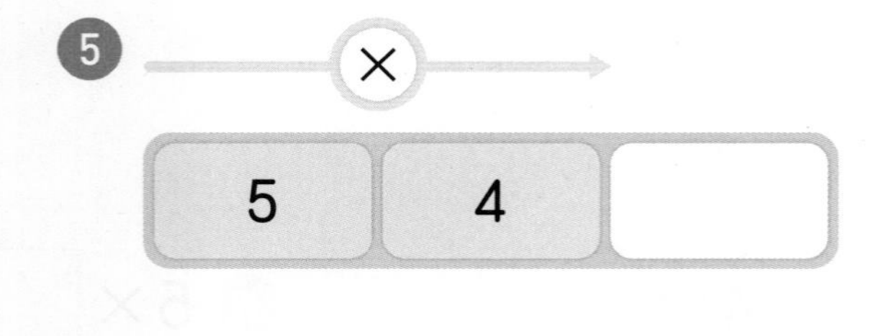

6
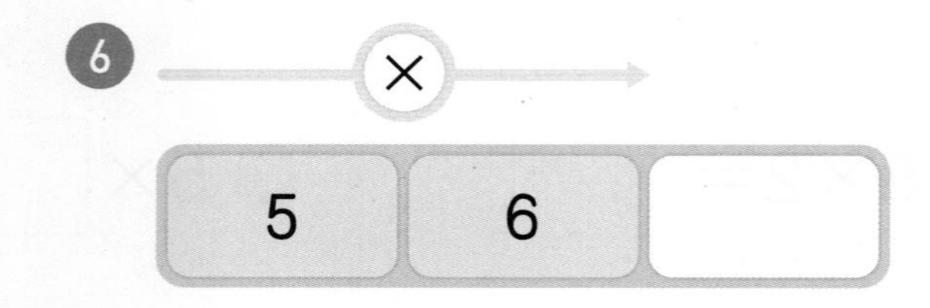

7
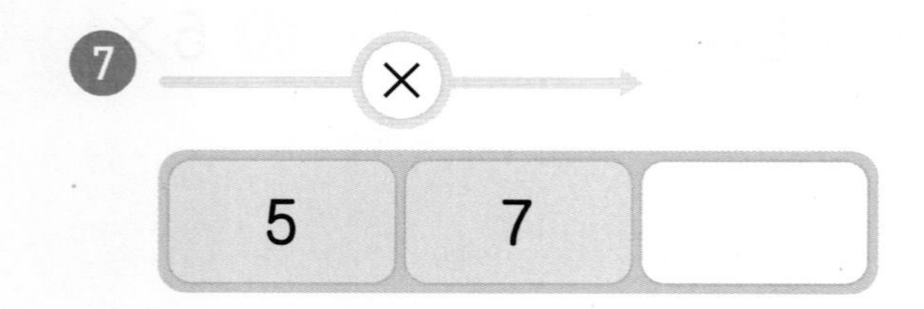

8
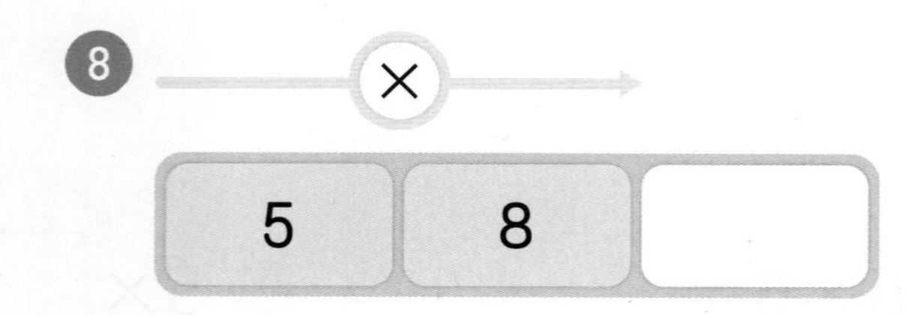

9
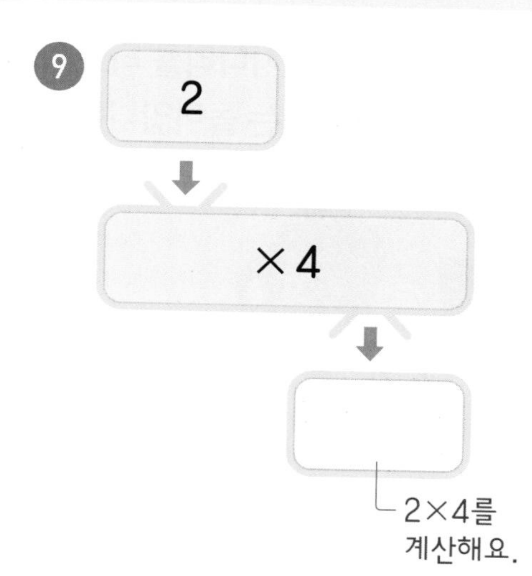

10
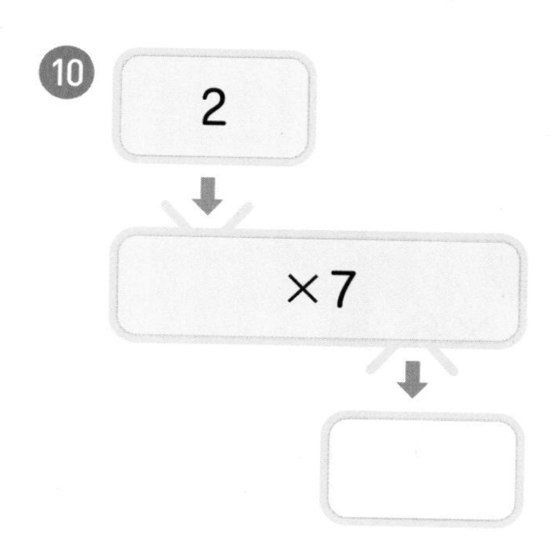

11
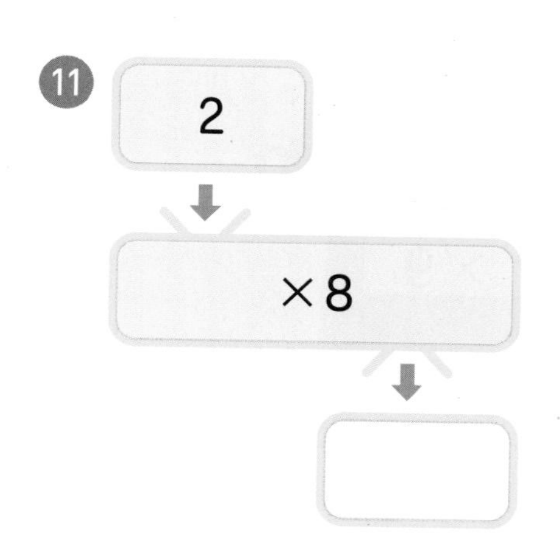

12
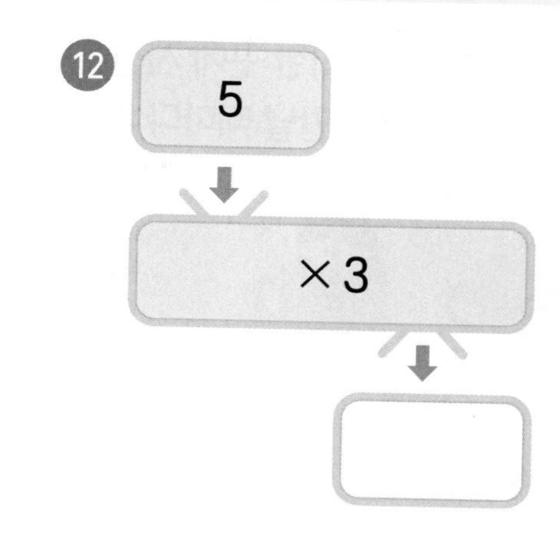

13
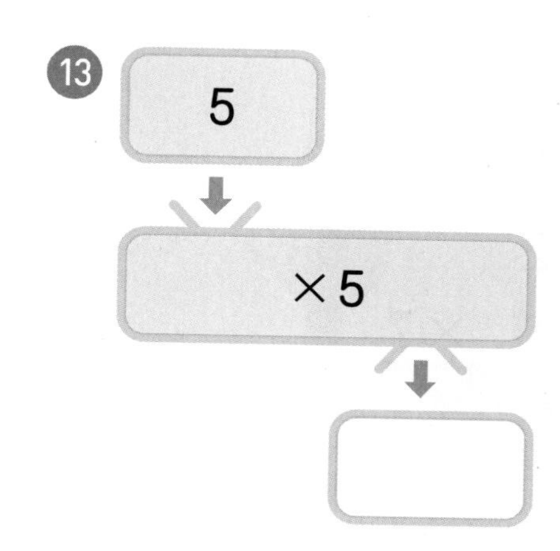

14
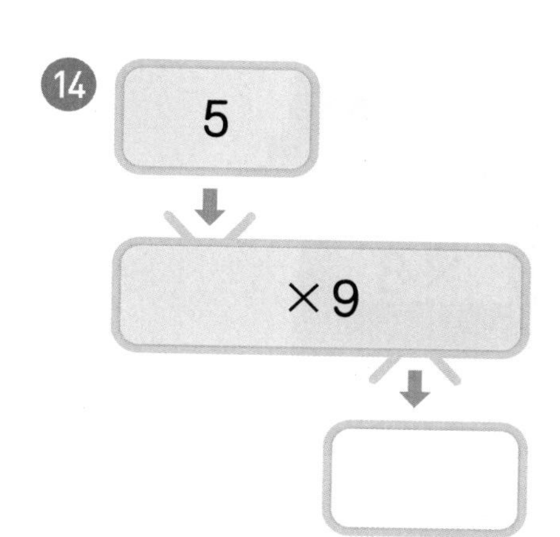

○ 사다리를 타고 내려가서 도착한 곳에 계산 결과를 써넣으세요. (단, 사다리 타기는 사다리를 타고 내려가다가 가로로 놓인 선을 만날 때마다 가로선을 따라 꺾어서 맨 아래까지 내려가는 놀이입니다.)

○ 계산 결과를 찾아 선으로 이어 보세요.

13 3단 곱셈구구

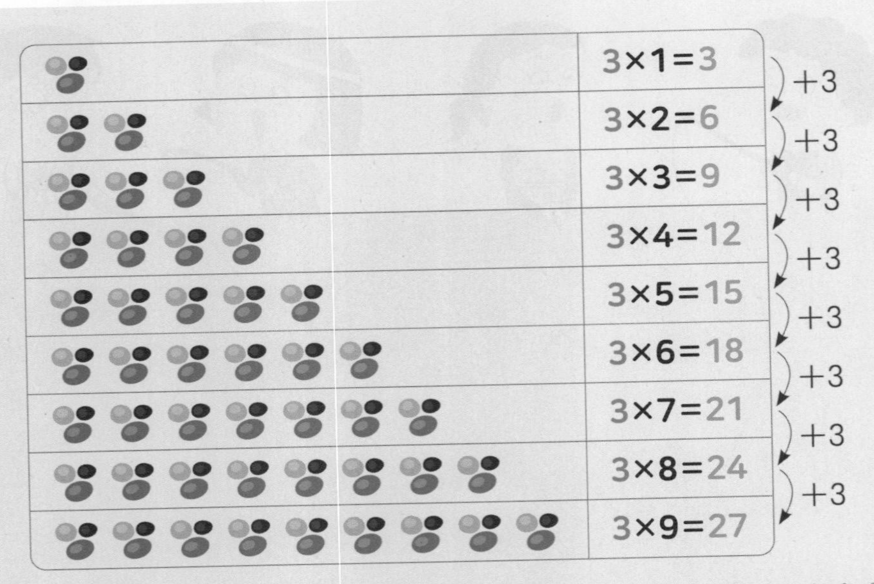

3단 곱셈구구에서 곱하는 수가 **1**씩 커지면 그 곱은 3씩 커집니다.

○ 풍선은 모두 몇 개인지 □ 안에 알맞은 수를 써넣으세요.

1

$3\times2=\square$

2

$3\times5=\square$

3

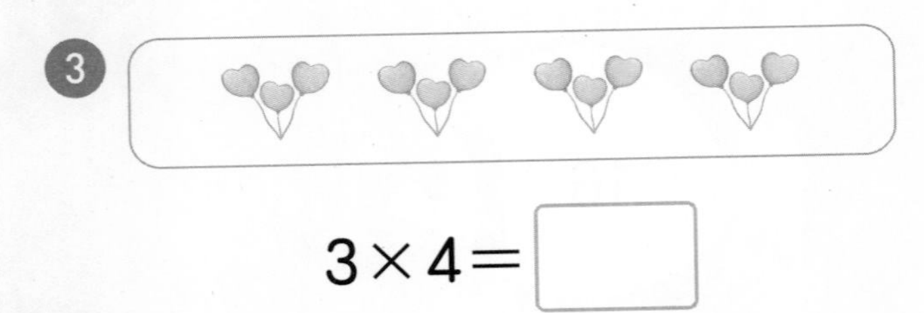

$3\times4=\square$

4

$3\times7=\square$

○ 빈 곳에 알맞은 수를 써넣으세요.

5

3 × 1 = ___
3 × 2 = 6
3 × 3 = ___
3 × 4 = 12
3 × 5 = ___
3 × 6 = 18
3 × 7 = ___
3 × 8 = ___
3 × 9 = 27

6

3 × 1 = ___
3 × 2 = ___
3 × 3 = 9
3 × 4 = ___
3 × 5 = 15
3 × 6 = ___
3 × 7 = 21
3 × 8 = ___
3 × 9 = ___

7

3 × ___ = 3
3 × 2 = 6
3 × ___ = 9
3 × 4 = 12
3 × 5 = 15
3 × ___ = 18
3 × 7 = 21
3 × ___ = 24
3 × ___ = 27

8

3 × 1 = 3
3 × ___ = 6
3 × 3 = 9
3 × ___ = 12
3 × ___ = 15
3 × 6 = 18
3 × ___ = 21
3 × ___ = 24
3 × ___ = 27

○ □ 안에 알맞은 수를 써넣으세요.

⑨ $3 \times 1 =$ □

⑩ $3 \times 2 =$ □

⑪ $3 \times 3 =$ □

⑫ $3 \times 4 =$ □

⑬ $3 \times 5 =$ □

⑭ $3 \times 6 =$ □

⑮ $3 \times 7 =$ □

⑯ $3 \times 8 =$ □

⑰ $3 \times 9 =$ □

⑱ $3 \times 5 =$ □

⑲ $3 \times 1 =$ □

⑳ $3 \times 4 =$ □

㉑ $3 \times 2 =$ □

㉒ $3 \times 8 =$ □

㉓ $3 \times 3 =$ □

㉔ $3 \times 7 =$ □

㉕ $3 \times 9 =$ □

㉖ $3 \times 6 =$ □

㉗ $3 \times 8 =$ □

㉘ $3 \times 5 =$ □

㉙ $3 \times 4 =$ □

㉚ $3\times2=\square$

㉛ $3\times8=\square$

㉜ $3\times6=\square$

㉝ $3\times3=\square$

㉞ $3\times1=\square$

㉟ $3\times7=\square$

㊱ $3\times9=\square$

㊲ $3\times\square=9$

㊳ $3\times\square=15$

㊴ $3\times\square=3$

㊵ $3\times\square=12$

㊶ $3\times\square=6$

㊷ $3\times\square=27$

㊸ $3\times\square=24$

㊹ $3\times\square=18$

㊺ $3\times\square=21$

㊻ $3\times\square=6$

㊼ $3\times\square=15$

㊽ $3\times\square=24$

㊾ $3\times\square=3$

㊿ $3\times\square=12$

14 6단 곱셈구구

	6×1=6	
	6×2=12	+6
	6×3=18	+6
	6×4=24	+6
	6×5=30	+6
	6×6=36	+6
	6×7=42	+6
	6×8=48	+6
	6×9=54	+6

6단 곱셈구구에서 곱하는 수가 **1**씩 커지면 그 곱은 6씩 커집니다.

○ 완두콩은 모두 몇 알인지 □ 안에 알맞은 수를 써넣으세요.

① 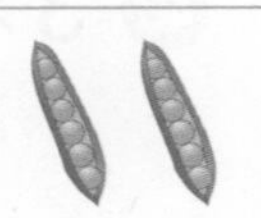

6×2=□

③ 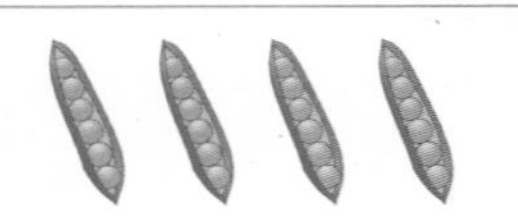

6×4=□

② 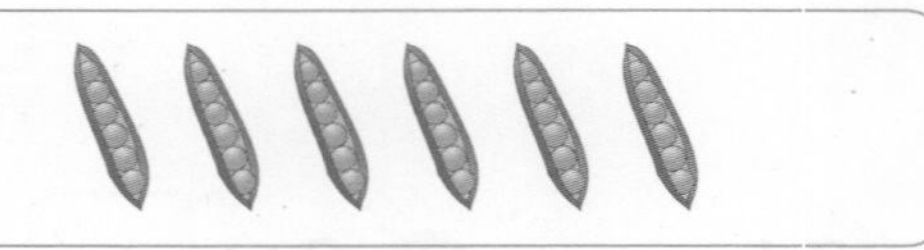

6×6=□

④ 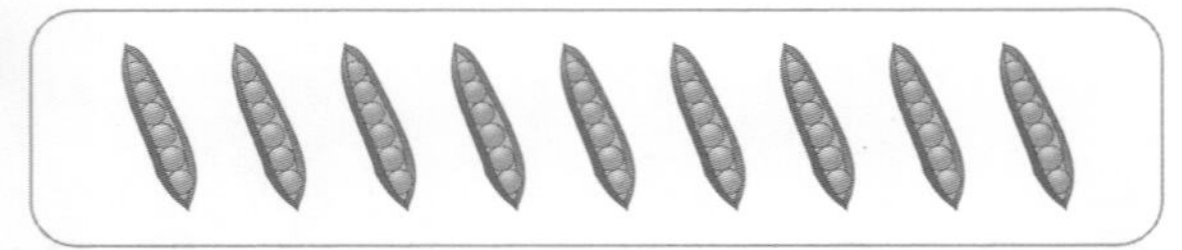

6×9=□

○ 빈 곳에 알맞은 수를 써넣으세요.

5

6 × 1 = 6
6 × 2 = ___
6 × 3 = 18
6 × 4 = ___
6 × 5 = 30
6 × 6 = ___
6 × 7 = ___
6 × 8 = 48
6 × 9 = ___

6

6 × 1 = ___
6 × 2 = 12
6 × 3 = ___
6 × 4 = 24
6 × 5 = ___
6 × 6 = 36
6 × 7 = ___
6 × 8 = ___
6 × 9 = ___

7

6 × ___ = 6
6 × 2 = 12
6 × ___ = 18
6 × 4 = 24
6 × ___ = 30
6 × 6 = 36
6 × ___ = 42
6 × 8 = 48
6 × ___ = 54

8

6 × ___ = 6
6 × ___ = 12
6 × 3 = 18
6 × ___ = 24
6 × 5 = 30
6 × ___ = 36
6 × 7 = 42
6 × ___ = 48
6 × ___ = 54

□ 안에 알맞은 수를 써넣으세요.

⑨ $6\times1=$ □

⑩ $6\times2=$ □

⑪ $6\times3=$ □

⑫ $6\times4=$ □

⑬ $6\times5=$ □

⑭ $6\times6=$ □

⑮ $6\times7=$ □

⑯ $6\times8=$ □

⑰ $6\times9=$ □

⑱ $6\times5=$ □

⑲ $6\times7=$ □

⑳ $6\times4=$ □

㉑ $6\times2=$ □

㉒ $6\times3=$ □

㉓ $6\times6=$ □

㉔ $6\times1=$ □

㉕ $6\times8=$ □

㉖ $6\times9=$ □

㉗ $6\times7=$ □

㉘ $6\times4=$ □

㉙ $6\times5=$ □

㉚ $6 \times 1 = \square$

㉛ $6 \times 9 = \square$

㉜ $6 \times 6 = \square$

㉝ $6 \times 2 = \square$

㉞ $6 \times 3 = \square$

㉟ $6 \times 5 = \square$

㊱ $6 \times 8 = \square$

㊲ $6 \times \square = 12$

㊳ $6 \times \square = 36$

㊴ $6 \times \square = 54$

㊵ $6 \times \square = 30$

㊶ $6 \times \square = 18$

㊷ $6 \times \square = 24$

㊸ $6 \times \square = 42$

㊹ $6 \times \square = 48$

㊺ $6 \times \square = 6$

㊻ $6 \times \square = 42$

㊼ $6 \times \square = 54$

㊽ $6 \times \square = 30$

㊾ $6 \times \square = 36$

㊿ $6 \times \square = 18$

15 계산 Plus+

3단, 6단 곱셈구구

빈칸에 알맞은 수를 써넣으세요.

1
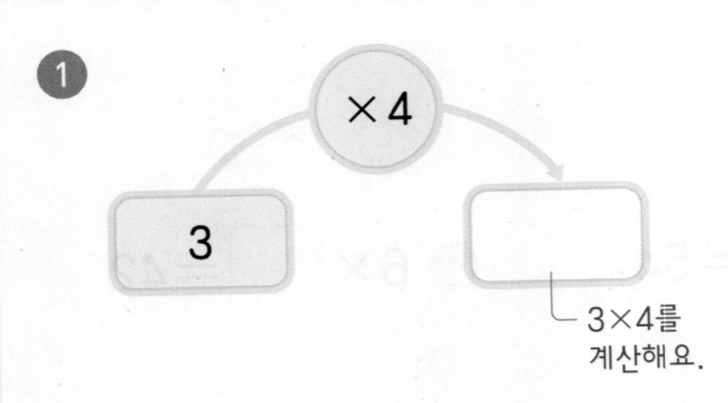

2
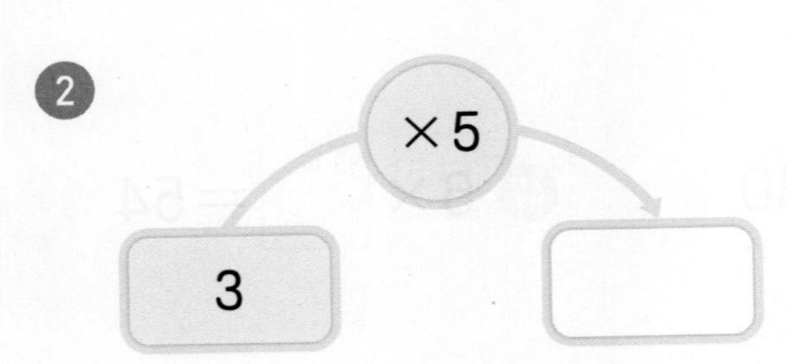

3
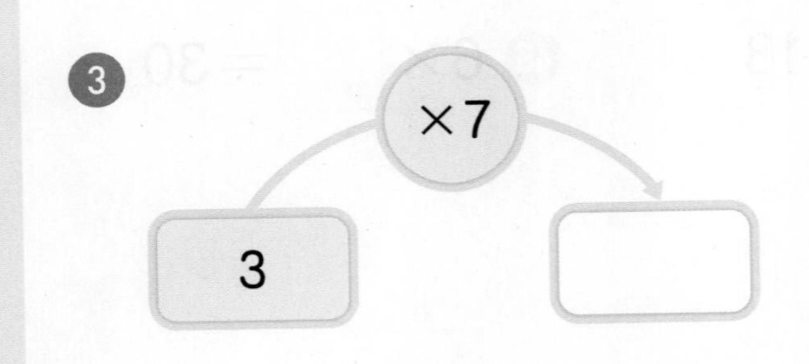

4
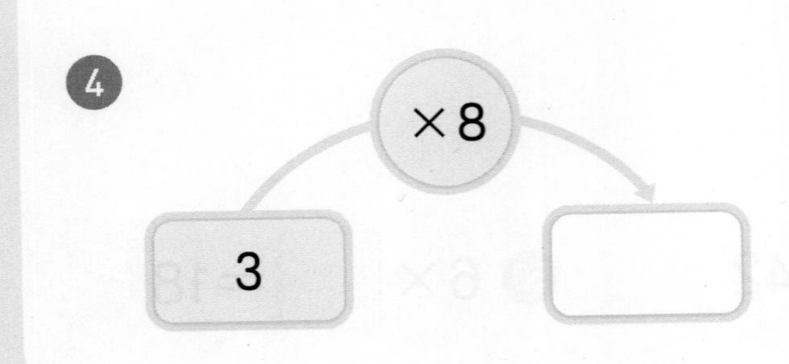

5
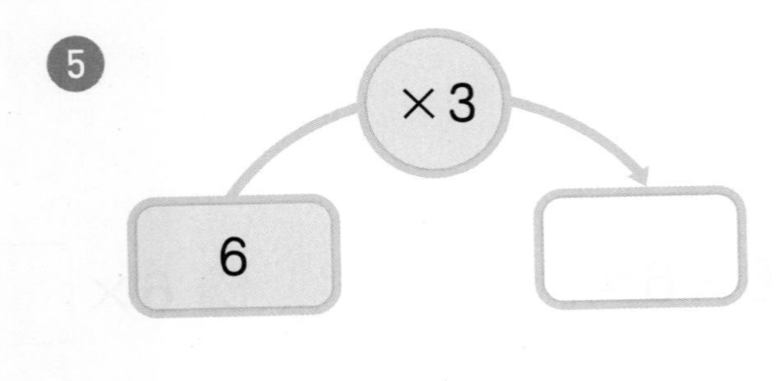

6
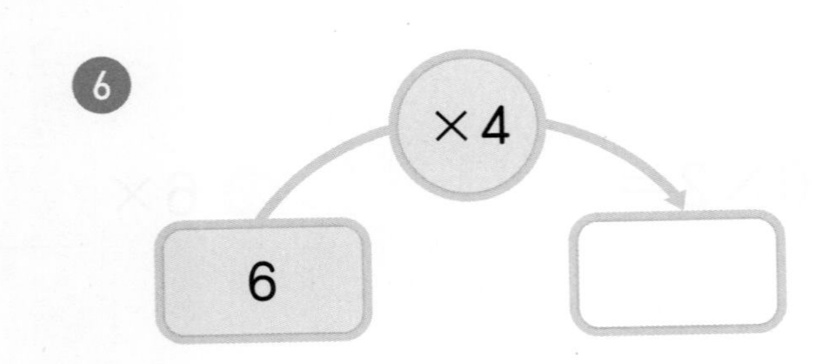

7
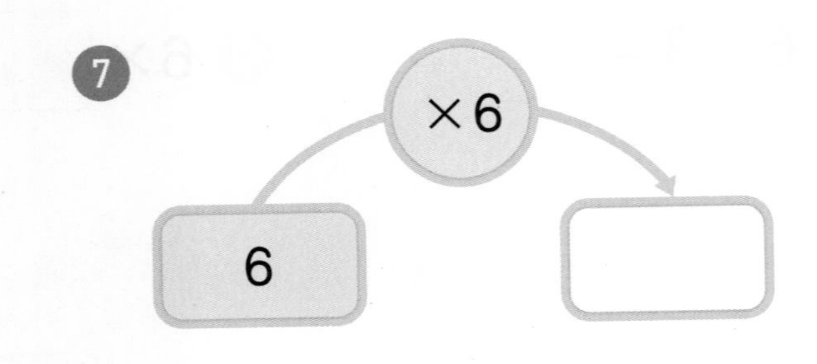

8
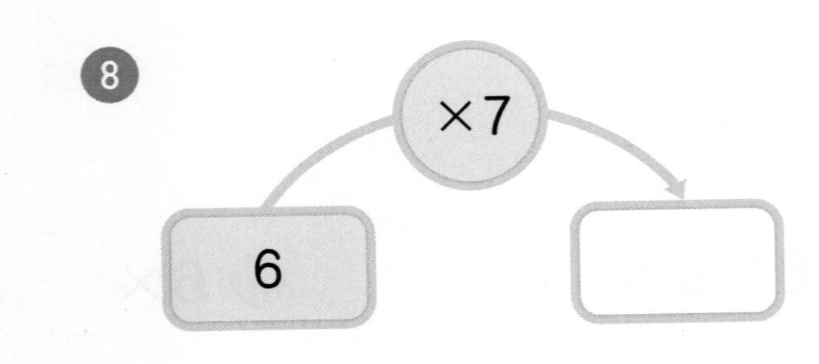

○ 빈 곳에 알맞은 수를 써넣으세요.

⑤

4	×	1	=	___
4	×	2	=	8
4	×	3	=	___
4	×	4	=	___
4	×	5	=	20
4	×	6	=	___
4	×	7	=	28
4	×	8	=	___
4	×	9	=	36

⑦

4	×	___	=	4
4	×	2	=	8
4	×	___	=	12
4	×	4	=	16
4	×	5	=	20
4	×	___	=	24
4	×	___	=	28
4	×	8	=	32
4	×	___	=	36

⑥

4	×	1	=	4
4	×	2	=	___
4	×	3	=	___
4	×	4	=	16
4	×	5	=	___
4	×	6	=	24
4	×	7	=	___
4	×	8	=	___
4	×	9	=	___

⑧

4	×	1	=	4
4	×	___	=	8
4	×	3	=	12
4	×	___	=	16
4	×	___	=	20
4	×	___	=	24
4	×	7	=	28
4	×	___	=	32
4	×	___	=	36

○ □ 안에 알맞은 수를 써넣으세요.

⑨ $4 \times 1 =$ □

⑩ $4 \times 2 =$ □

⑪ $4 \times 3 =$ □

⑫ $4 \times 4 =$ □

⑬ $4 \times 5 =$ □

⑭ $4 \times 6 =$ □

⑮ $4 \times 7 =$ □

⑯ $4 \times 8 =$ □

⑰ $4 \times 9 =$ □

⑱ $4 \times 5 =$ □

⑲ $4 \times 2 =$ □

⑳ $4 \times 1 =$ □

㉑ $4 \times 4 =$ □

㉒ $4 \times 8 =$ □

㉓ $4 \times 7 =$ □

㉔ $4 \times 3 =$ □

㉕ $4 \times 6 =$ □

㉖ $4 \times 9 =$ □

㉗ $4 \times 2 =$ □

㉘ $4 \times 5 =$ □

㉙ $4 \times 1 =$ □

㉚ $4 \times 6 = \square$

㉛ $4 \times 4 = \square$

㉜ $4 \times 7 = \square$

㉝ $4 \times 3 = \square$

㉞ $4 \times 9 = \square$

㉟ $4 \times 8 = \square$

㊱ $4 \times 5 = \square$

㊲ $4 \times \square = 8$

㊳ $4 \times \square = 24$

㊴ $4 \times \square = 12$

㊵ $4 \times \square = 16$

㊶ $4 \times \square = 20$

㊷ $4 \times \square = 36$

㊸ $4 \times \square = 28$

㊹ $4 \times \square = 4$

㊺ $4 \times \square = 32$

㊻ $4 \times \square = 20$

㊼ $4 \times \square = 28$

㊽ $4 \times \square = 12$

㊾ $4 \times \square = 16$

㊿ $4 \times \square = 24$

공부한 날짜 월 일

8단 곱셈구구

	8×1=8	
	8×2=16	+8
	8×3=24	+8
	8×4=32	+8
	8×5=40	+8
	8×6=48	+8
	8×7=56	+8
	8×8=64	+8
	8×9=72	+8

8단 곱셈구구에서 곱하는 수가 **1**씩 커지면 그 곱은 **8**씩 커집니다.

○ 초콜릿은 모두 몇 개인지 □ 안에 알맞은 수를 써넣으세요.

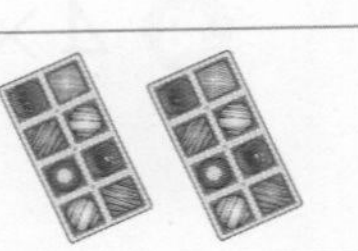

8×2=□

8×6=□

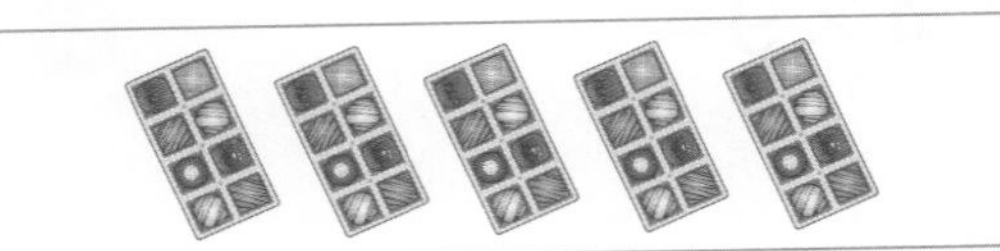

8×5=□

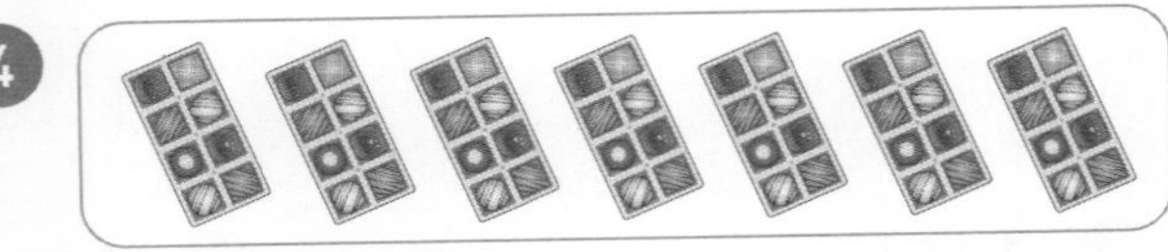

8×7=□

○ 빈 곳에 알맞은 수를 써넣으세요.

5

8 × 1 = 8
8 × 2 = ___
8 × 3 = 24
8 × 4 = ___
8 × 5 = 40
8 × 6 = ___
8 × 7 = ___
8 × 8 = 64
8 × 9 = ___

6

8 × 1 = ___
8 × 2 = 16
8 × 3 = ___
8 × 4 = 32
8 × 5 = ___
8 × 6 = 48
8 × 7 = ___
8 × 8 = ___
8 × 9 = ___

7

8 × ___ = 8
8 × 2 = 16
8 × ___ = 24
8 × 4 = 32
8 × ___ = 40
8 × 6 = 48
8 × ___ = 56
8 × ___ = 64
8 × 9 = 72

8

8 × 1 = 8
8 × ___ = 16
8 × ___ = 24
8 × ___ = 32
8 × 5 = 40
8 × ___ = 48
8 × 7 = 56
8 × ___ = 64
8 × ___ = 72

○ □ 안에 알맞은 수를 써넣으세요.

⑨ $8\times1=\square$

⑩ $8\times2=\square$

⑪ $8\times3=\square$

⑫ $8\times4=\square$

⑬ $8\times5=\square$

⑭ $8\times6=\square$

⑮ $8\times7=\square$

⑯ $8\times8=\square$

⑰ $8\times9=\square$

⑱ $8\times5=\square$

⑲ $8\times3=\square$

⑳ $8\times1=\square$

㉑ $8\times7=\square$

㉒ $8\times4=\square$

㉓ $8\times2=\square$

㉔ $8\times8=\square$

㉕ $8\times6=\square$

㉖ $8\times4=\square$

㉗ $8\times3=\square$

㉘ $8\times9=\square$

㉙ $8\times5=\square$

㉚ $8 \times 1 = \square$

㉛ $8 \times 7 = \square$

㉜ $8 \times 9 = \square$

㉝ $8 \times 2 = \square$

㉞ $8 \times 4 = \square$

㉟ $8 \times 8 = \square$

㊱ $8 \times 6 = \square$

㊲ $8 \times \square = 16$

㊳ $8 \times \square = 32$

㊴ $8 \times \square = 8$

㊵ $8 \times \square = 40$

㊶ $8 \times \square = 72$

㊷ $8 \times \square = 48$

㊸ $8 \times \square = 64$

㊹ $8 \times \square = 56$

㊺ $8 \times \square = 24$

㊻ $8 \times \square = 72$

㊼ $8 \times \square = 48$

㊽ $8 \times \square = 16$

㊾ $8 \times \square = 56$

㊿ $8 \times \square = 40$

18 계산 Plus+

4단, 8단 곱셈구구

○ 빈칸에 알맞은 수를 써넣으세요.

1 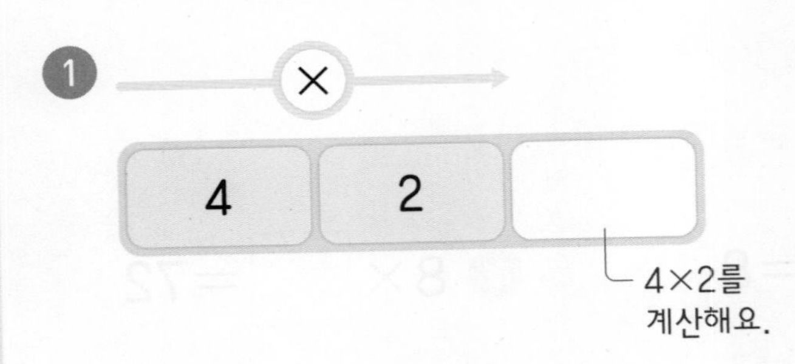

5 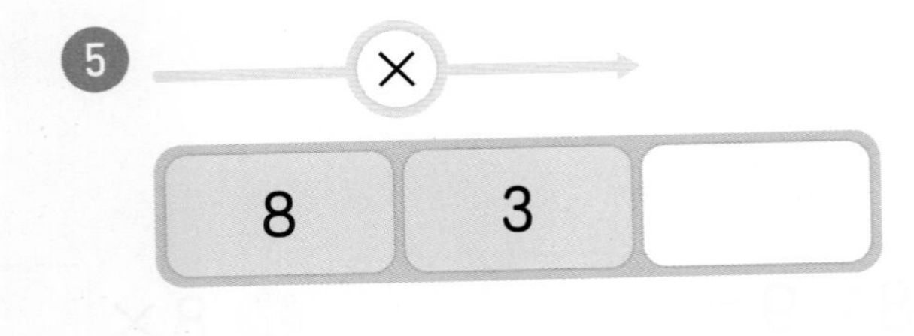

2 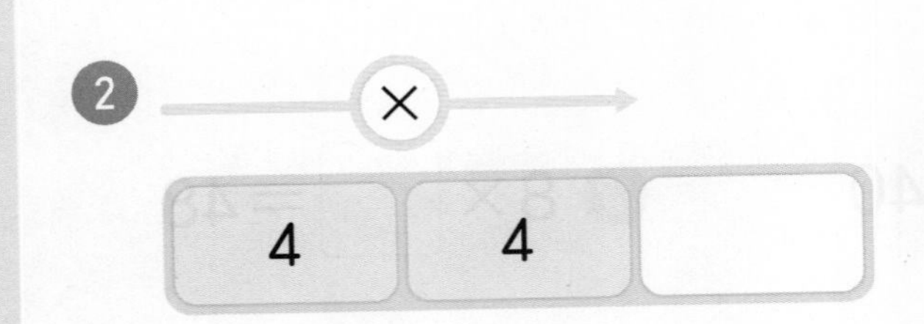

6 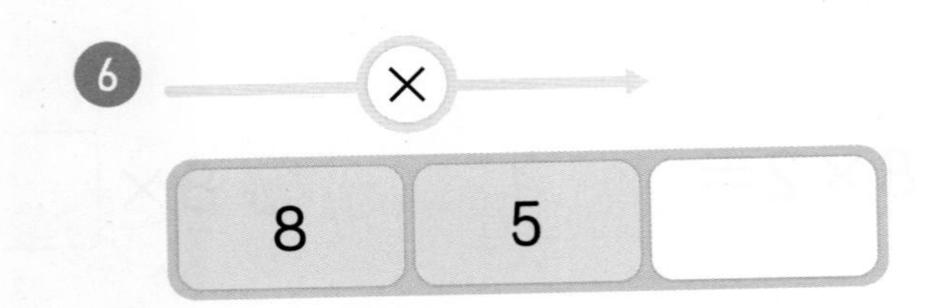

3
×

4	6	

7 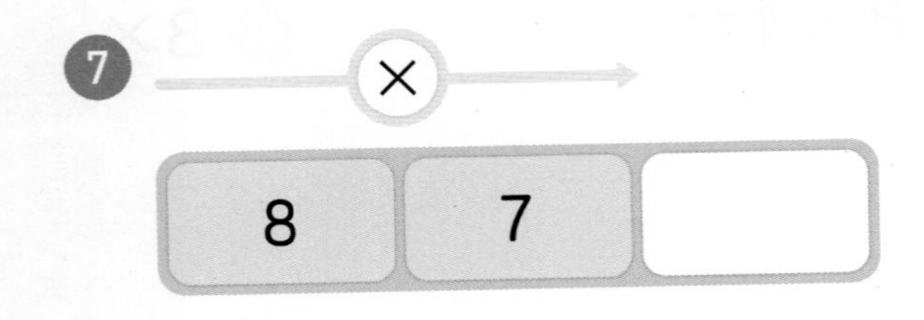

4 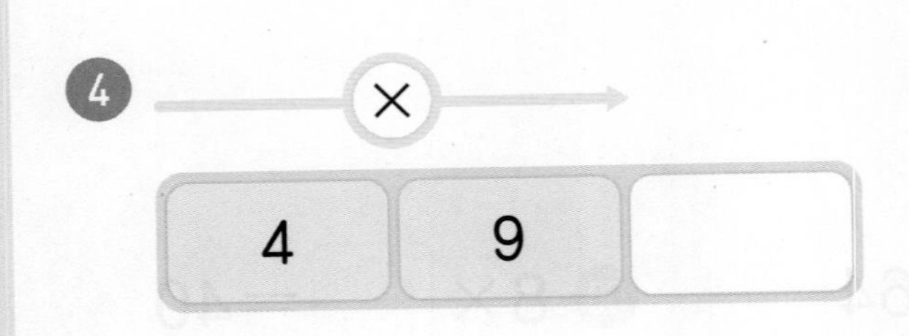

8 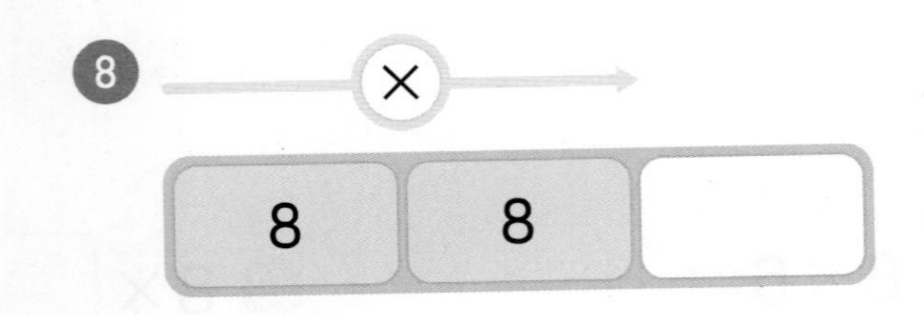

◎ 배에 적힌 계산 결과가 나오는 곱셈구구를 찾아 ◯표 하세요.

19 7단 곱셈구구

$7\times1=7$	+7
$7\times2=14$	+7
$7\times3=21$	+7
$7\times4=28$	+7
$7\times5=35$	+7
$7\times6=42$	+7
$7\times7=49$	+7
$7\times8=56$	+7
$7\times9=63$	

7단 곱셈구구에서 곱하는 수가 **1**씩 커지면 그 곱은 7씩 커집니다.

○ 꽃은 모두 몇 송이인지 □ 안에 알맞은 수를 써넣으세요.

$7\times3=\square$

$7\times4=\square$

2

$7\times6=\square$

$7\times7=\square$

○ 빈 곳에 알맞은 수를 써넣으세요.

5

7	×	1	=	___
7	×	2	=	14
7	×	3	=	___
7	×	4	=	28
7	×	5	=	___
7	×	6	=	42
7	×	7	=	___
7	×	8	=	___
7	×	9	=	63

6

7	×	1	=	7
7	×	2	=	___
7	×	3	=	___
7	×	4	=	___
7	×	5	=	35
7	×	6	=	___
7	×	7	=	49
7	×	8	=	___
7	×	9	=	___

7

7	×	___	=	7
7	×	2	=	14
7	×	___	=	21
7	×	4	=	28
7	×	5	=	35
7	×	___	=	42
7	×	7	=	49
7	×	___	=	56
7	×	___	=	63

8

7	×	1	=	7
7	×	___	=	14
7	×	3	=	21
7	×	___	=	28
7	×	___	=	35
7	×	6	=	42
7	×	___	=	49
7	×	___	=	56
7	×	___	=	63

○ □ 안에 알맞은 수를 써넣으세요.

⑨ $7 \times 1 =$ □

⑩ $7 \times 2 =$ □

⑪ $7 \times 3 =$ □

⑫ $7 \times 4 =$ □

⑬ $7 \times 5 =$ □

⑭ $7 \times 6 =$ □

⑮ $7 \times 7 =$ □

⑯ $7 \times 8 =$ □

⑰ $7 \times 9 =$ □

⑱ $7 \times 4 =$ □

⑲ $7 \times 5 =$ □

⑳ $7 \times 3 =$ □

㉑ $7 \times 7 =$ □

㉒ $7 \times 1 =$ □

㉓ $7 \times 2 =$ □

㉔ $7 \times 6 =$ □

㉕ $7 \times 9 =$ □

㉖ $7 \times 8 =$ □

㉗ $7 \times 4 =$ □

㉘ $7 \times 1 =$ □

㉙ $7 \times 3 =$ □

㉚ $7\times2=\square$

㉛ $7\times8=\square$

㉜ $7\times3=\square$

㉝ $7\times6=\square$

㉞ $7\times7=\square$

㉟ $7\times9=\square$

㊱ $7\times5=\square$

㊲ $7\times\square=21$

㊳ $7\times\square=7$

㊴ $7\times\square=35$

㊵ $7\times\square=42$

㊶ $7\times\square=14$

㊷ $7\times\square=49$

㊸ $7\times\square=56$

㊹ $7\times\square=42$

㊺ $7\times\square=35$

㊻ $7\times\square=49$

㊼ $7\times\square=21$

㊽ $7\times\square=56$

㊾ $7\times\square=28$

㊿ $7\times\square=63$

9단 곱셈구구

	$9\times1=9$
	$9\times2=18$
	$9\times3=27$
	$9\times4=36$
	$9\times5=45$
	$9\times6=54$
	$9\times7=63$
	$9\times8=72$
	$9\times9=81$

+9 +9 +9 +9 +9 +9 +9 +9

9단 곱셈구구에서 곱하는 수가 **1**씩 커지면 그 곱은 9씩 커집니다.

○ 구슬은 모두 몇 개인지 □ 안에 알맞은 수를 써넣으세요.

1

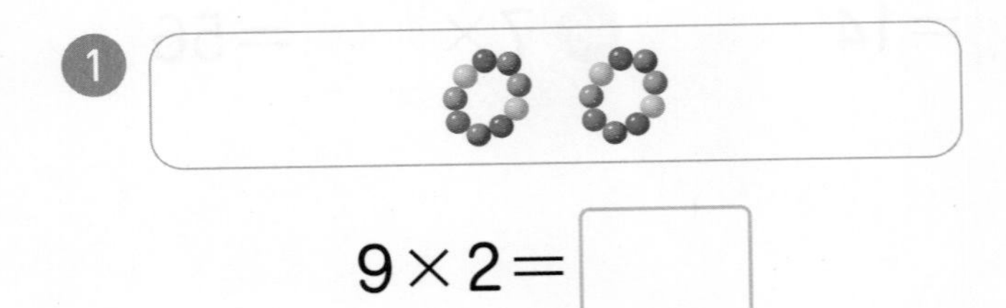

$9\times2=\square$

2

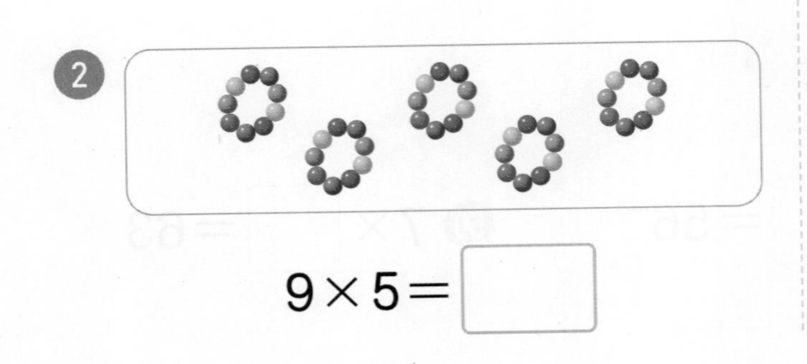

$9\times5=\square$

3

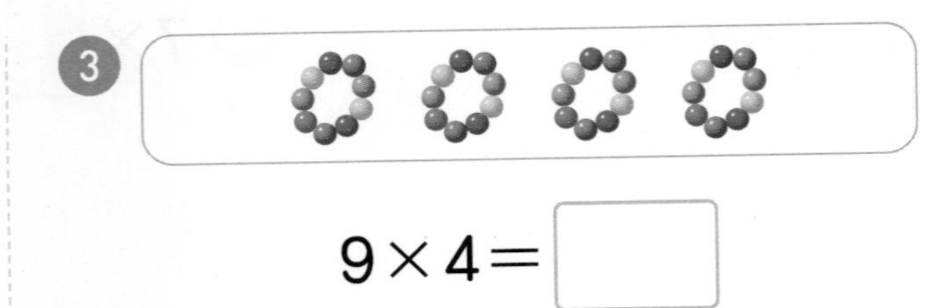

$9\times4=\square$

4

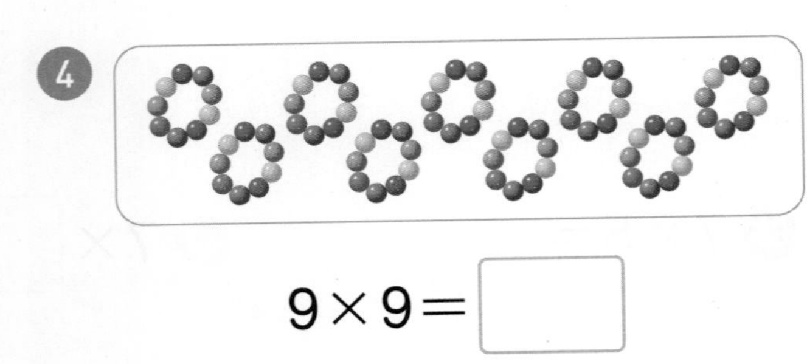

$9\times9=\square$

○ 빈 곳에 알맞은 수를 써넣으세요.

5

$9 \times 1 = 9$
$9 \times 2 = $ ___
$9 \times 3 = 27$
$9 \times 4 = $ ___
$9 \times 5 = 45$
$9 \times 6 = $ ___
$9 \times 7 = $ ___
$9 \times 8 = 72$
$9 \times 9 = $ ___

6

$9 \times 1 = $ ___
$9 \times 2 = 18$
$9 \times 3 = $ ___
$9 \times 4 = 36$
$9 \times 5 = $ ___
$9 \times 6 = 54$
$9 \times 7 = $ ___
$9 \times 8 = $ ___
$9 \times 9 = $ ___

7

$9 \times$ ___ $= 9$
$9 \times 2 = 18$
$9 \times$ ___ $= 27$
$9 \times 4 = 36$
$9 \times$ ___ $= 45$
$9 \times 6 = 54$
$9 \times$ ___ $= 63$
$9 \times 8 = 72$
$9 \times$ ___ $= 81$

8

$9 \times$ ___ $= 9$
$9 \times$ ___ $= 18$
$9 \times 3 = 27$
$9 \times$ ___ $= 36$
$9 \times 5 = 45$
$9 \times$ ___ $= 54$
$9 \times 7 = 63$
$9 \times$ ___ $= 72$
$9 \times$ ___ $= 81$

○ □ 안에 알맞은 수를 써넣으세요.

⑨ $9 \times 1 =$ □

⑩ $9 \times 2 =$ □

⑪ $9 \times 3 =$ □

⑫ $9 \times 4 =$ □

⑬ $9 \times 5 =$ □

⑭ $9 \times 6 =$ □

⑮ $9 \times 7 =$ □

⑯ $9 \times 8 =$ □

⑰ $9 \times 9 =$ □

⑱ $9 \times 5 =$ □

⑲ $9 \times 6 =$ □

⑳ $9 \times 2 =$ □

㉑ $9 \times 1 =$ □

㉒ $9 \times 4 =$ □

㉓ $9 \times 7 =$ □

㉔ $9 \times 3 =$ □

㉕ $9 \times 8 =$ □

㉖ $9 \times 9 =$ □

㉗ $9 \times 5 =$ □

㉘ $9 \times 2 =$ □

㉙ $9 \times 6 =$ □

㉚ $9 \times 4 = \square$

㉛ $9 \times 1 = \square$

㉜ $9 \times 7 = \square$

㉝ $9 \times 2 = \square$

㉞ $9 \times 8 = \square$

㉟ $9 \times 3 = \square$

㊱ $9 \times 9 = \square$

㊲ $9 \times \square = 9$

㊳ $9 \times \square = 72$

㊴ $9 \times \square = 81$

㊵ $9 \times \square = 63$

㊶ $9 \times \square = 54$

㊷ $9 \times \square = 36$

㊸ $9 \times \square = 45$

㊹ $9 \times \square = 18$

㊺ $9 \times \square = 27$

㊻ $9 \times \square = 45$

㊼ $9 \times \square = 63$

㊽ $9 \times \square = 81$

㊾ $9 \times \square = 54$

㊿ $9 \times \square = 72$

계산 Plus+

7단, 9단 곱셈구구

○ 빈칸에 알맞은 수를 써넣으세요.

1
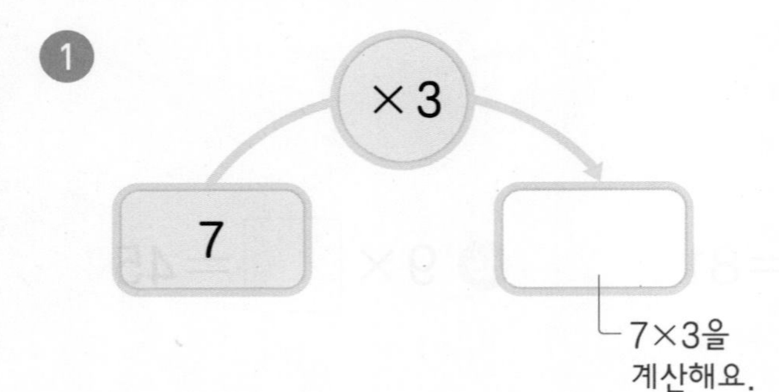

2
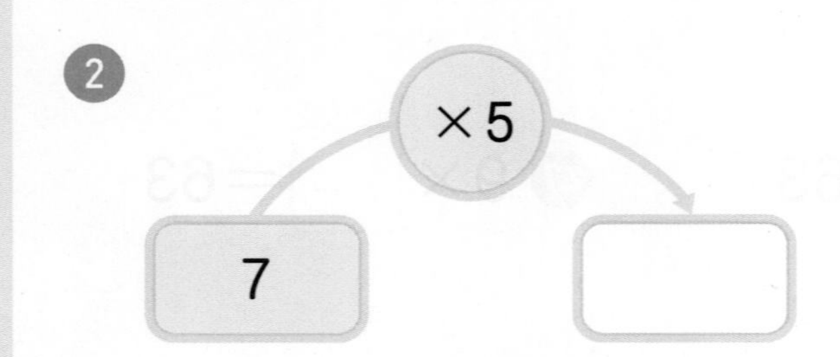

3
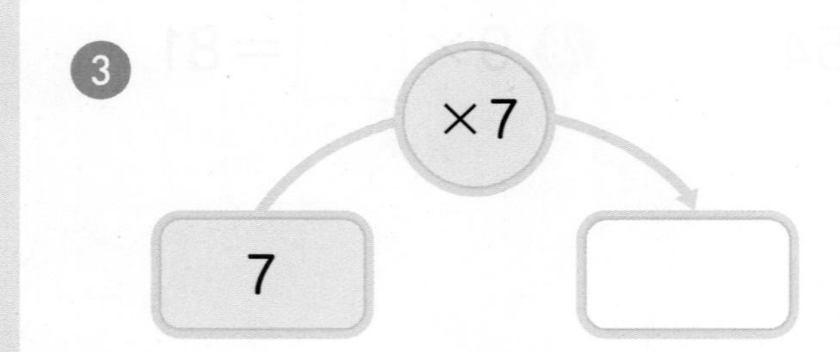

4
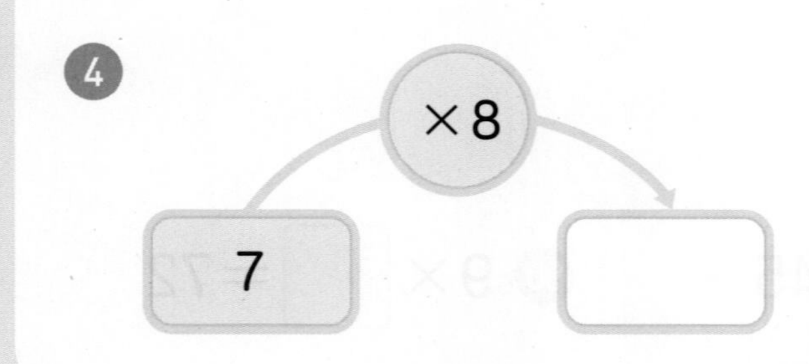

5
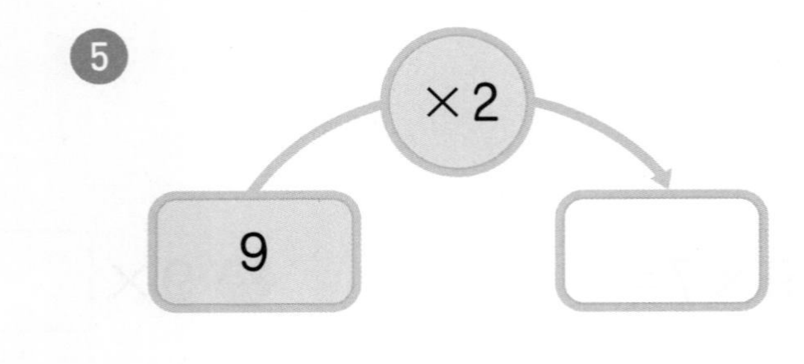

6
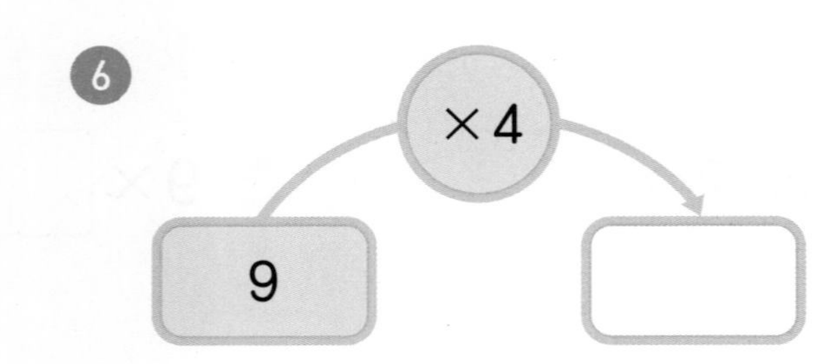

7
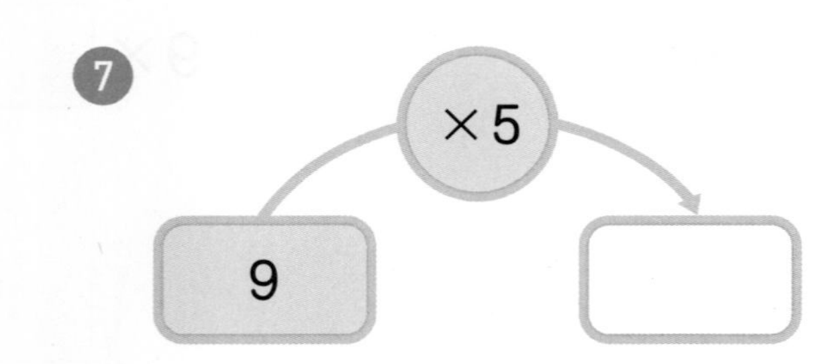

8
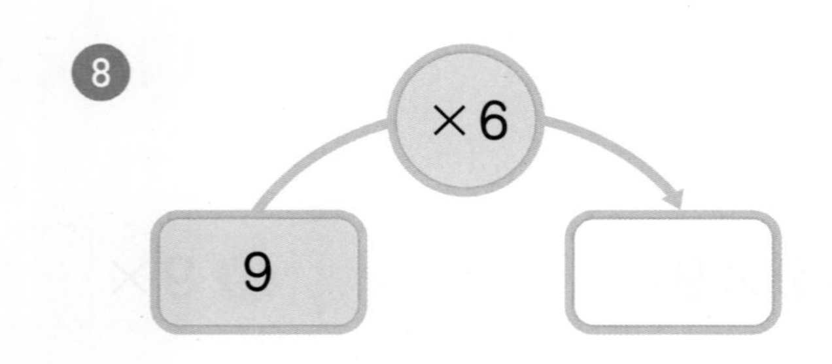

9. 7 → ×1 → ☐

7×1을 계산해요.

10. 7 → ×2 → ☐

11. 7 → ×4 → ☐

12. 7 → ×6 → ☐

13. 7 → ×9 → ☐

14. 9 → ×1 → ☐

15. 9 → ×3 → ☐

16. 9 → ×7 → ☐

17. 9 → ×8 → ☐

18. 9 → ×9 → ☐

○ 곱셈을 하여 표에서 곱이 나타내는 색으로 옷을 색칠해 보세요.

7	36	49	81	42	27

7×1

7×6

7×7

9×9

9×3

9×4

- 자동판매기에서 계산 결과가 바르게 적힌 것만 살 수 있습니다.
살 수 있는 것을 모두 찾아 ◯표 하세요.

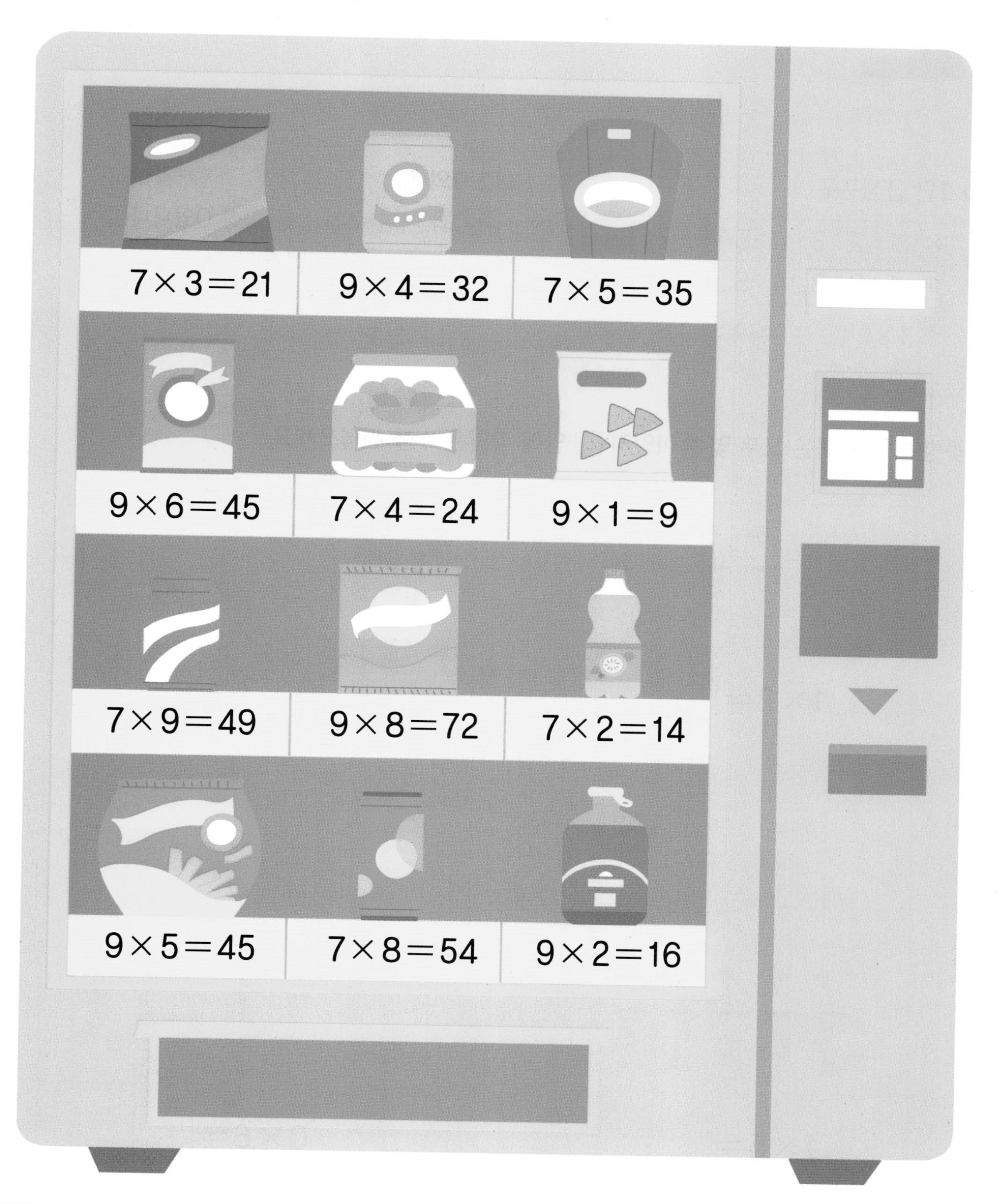

1단 곱셈구구 / 0의 곱

1단 곱셈구구

×	1	2	3	4	5	6	7	8	9
1	1	2	3	4	5	6	7	8	9

→ **1×(어떤 수)=(어떤 수)**

0의 곱

- 0과 어떤 수의 곱은 항상 0입니다.

  0×(어떤 수)=0

- 어떤 수와 0의 곱은 항상 0입니다.

  (어떤 수)×0=0

○ 꽃병에 있는 꽃은 모두 몇 송이인지 □ 안에 알맞은 수를 써넣으세요.

①

$1 \times 2 = \square$

②

$1 \times 5 = \square$

③

$0 \times 3 = \square$

④

$0 \times 6 = \square$

○ 빈 곳에 알맞은 수를 써넣으세요.

⑤

1	×	1	=	___
1	×	2	=	2
1	×	3	=	___
1	×	4	=	___
1	×	5	=	5
1	×	6	=	___
1	×	7	=	7
1	×	8	=	___
1	×	9	=	9

⑥

1	×	1	=	1
1	×	___	=	2
1	×	3	=	3
1	×	___	=	4
1	×	___	=	5
1	×	6	=	6
1	×	___	=	7
1	×	8	=	8
1	×	___	=	9

⑦

0	×	1	=	0
0	×	2	=	___
0	×	3	=	___
0	×	4	=	0
0	×	5	=	___
0	×	6	=	0
0	×	7	=	___
0	×	8	=	___
0	×	9	=	0

⑧

1	×	___	=	0
2	×	0	=	0
3	×	0	=	0
4	×	___	=	0
5	×	0	=	0
6	×	___	=	0
7	×	0	=	0
8	×	___	=	0
9	×	___	=	0

○ □ 안에 알맞은 수를 써넣으세요.

⑨ $1 \times 1 =$ □

⑩ $0 \times 7 =$ □

⑪ $1 \times 2 =$ □

⑫ $0 \times 5 =$ □

⑬ $1 \times 8 =$ □

⑭ $6 \times 0 =$ □

⑮ $0 \times 1 =$ □

⑯ $0 \times 8 =$ □

⑰ $1 \times 9 =$ □

⑱ $4 \times 0 =$ □

⑲ $0 \times 9 =$ □

⑳ $1 \times 5 =$ □

㉑ $0 \times 2 =$ □

㉒ $1 \times 4 =$ □

㉓ $1 \times 6 =$ □

㉔ $5 \times 0 =$ □

㉕ $1 \times 3 =$ □

㉖ $8 \times 0 =$ □

㉗ $1 \times 7 =$ □

㉘ $3 \times 0 =$ □

㉙ $1 \times 2 =$ □

㉚ $\square \times 4 = 4$

㉛ $7 \times \square = 0$

㉜ $1 \times \square = 2$

㉝ $\square \times 8 = 0$

㉞ $6 \times \square = 0$

㉟ $\square \times 9 = 9$

㊱ $\square \times 5 = 0$

㊲ $1 \times \square = 0$

㊳ $\square \times 5 = 5$

㊴ $9 \times \square = 0$

㊵ $1 \times \square = 4$

㊶ $2 \times \square = 0$

㊷ $\square \times 7 = 7$

㊸ $1 \times \square = 6$

㊹ $\square \times 3 = 0$

㊺ $1 \times \square = 1$

㊻ $\square \times 6 = 0$

㊼ $1 \times \square = 7$

㊽ $\square \times 3 = 3$

㊾ $4 \times \square = 0$

㊿ $1 \times \square = 8$

23 곱셈표

곱셈표

×	0	1	2	3	4	5	6	7	⑧	⑨
0	0	0	0	0	0	0	0	0	0	0
1	0	1	2	3	4	5	6	7	8	9
2	0	2	4	6	8	10	12	14	16	18
3	0	3	6	9	12	15	18	21	24	27
4	0	4	8	12	16	20	24	28	32	36
5	0	5	10	15	20	25	30	35	40	45
6	0	6	12	18	24	30	36	42	48	54
7	0	7	14	21	28	35	42	49	56	63
⑧	0	8	16	24	32	40	48	56	64	72
⑨	0	9	18	27	36	45	54	63	72	81

3단 곱셈구구: 곱이 3씩 커집니다.

8×9=9×8

- ■단 곱셈구구: 곱이 ■씩 커집니다.
- 곱셈에서 **곱하는 두 수의 순서**를 서로 **바꾸어도** 곱은 같습니다.

●×▲=▲×●

빈칸에 알맞은 수를 써넣으세요.

1

×	1	2	3	4	5
2					

2

×	2	3	4	5	6
3					

3

×	3	4	5	6	7
5					

4

×	4	5	6	7	8
6					

○ 곱셈표를 완성해 보세요.

5

×	1	2	3	4
1	1			
2			6	
3				12
4		8		

6

×	4	5	6	7
2			12	
3		15		
4	16			
5				35

7

×	5	6	7	8
3				24
4	20			
5				40
6		36		

8

×	2	3	4	5
4		12		
5	10			
6		18		
7	14			

9

×	3	4	5	6
5		20		
6	18			
7			35	
8				48

10

×	6	7	8	9
6			48	
7				63
8	48			
9		63		

○ 빈칸에 알맞은 수를 써넣으세요.

⑪

×	1	3	5	7	9
1					

⑫

×	2	4	6	7	8
2					

⑬

×	2	3	5	7	8
3					

⑭

×	2	3	5	6	7
4					

⑮

×	3	5	7	8	9
5					

⑯

×	2	4	5	7	8
6					

⑰

×	1	3	7	8	9
7					

⑱

×	1	2	4	6	8
0					

⑲

×	2	3	5	7	9
8					

⑳

×	3	4	6	7	9
9					

● 곱셈표를 완성해 보세요.

21

×	2	5	7	9
1	2			
3				27
4		20		
6			42	

22

×	1	3	5	7
2		6		
4	4			
6				42
8			40	

23

×	2	4	5	7
3			15	
5				35
7		28		
8	16			

24

×	3	5	7	8
4			28	
6		30		
8				64
9	27			

25

×	2	3	6	7
5	10			
6				42
7			42	
8		24		

26

×	3	6	8	9
5				45
7	21			
8			64	
9		54		

계산 Plus+

1단 곱셈구구 / 0의 곱

○ 빈칸에 알맞은 수를 써넣으세요.

1
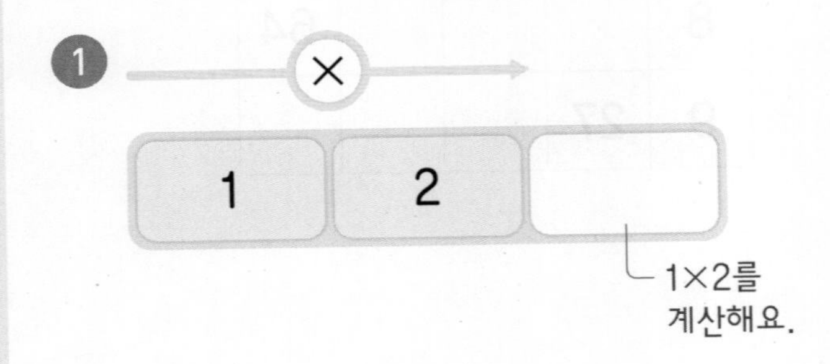

5
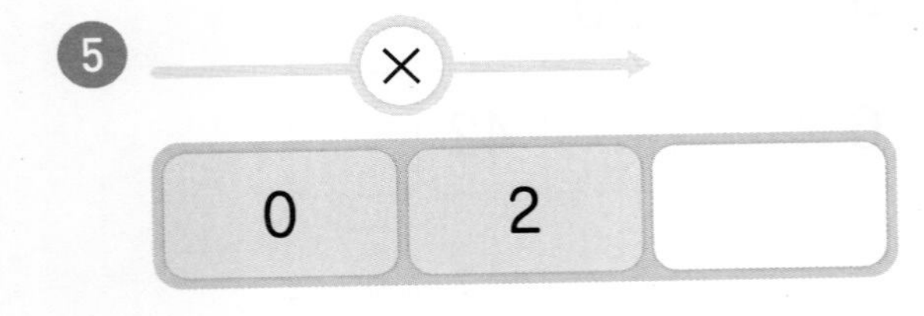

2
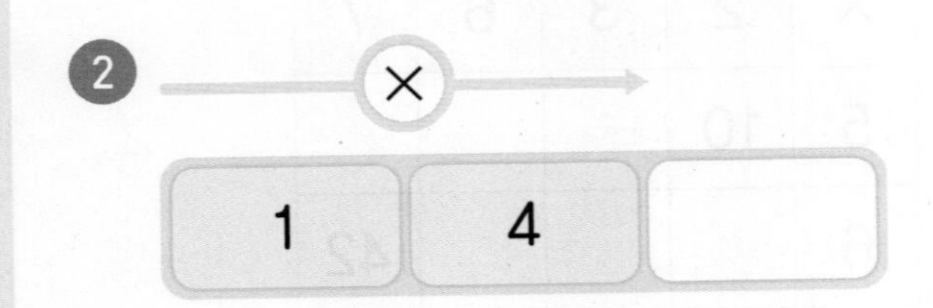

6
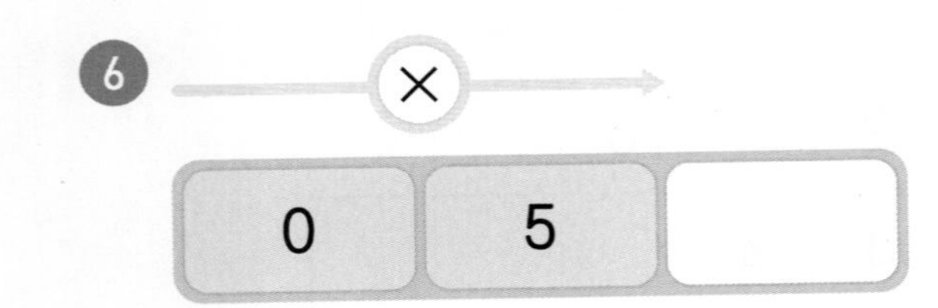

3
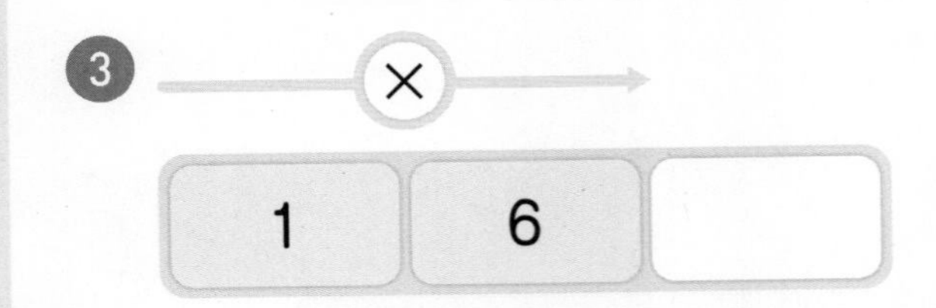

7
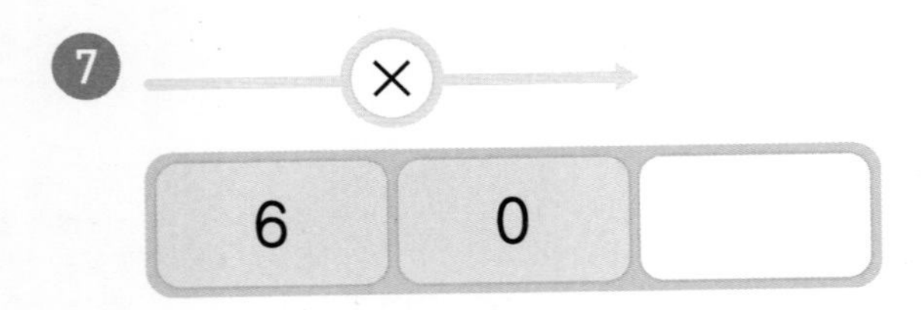

4
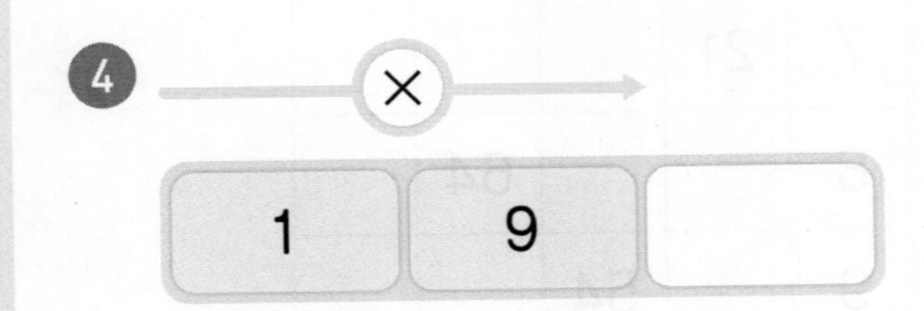

8

×		
8	0	

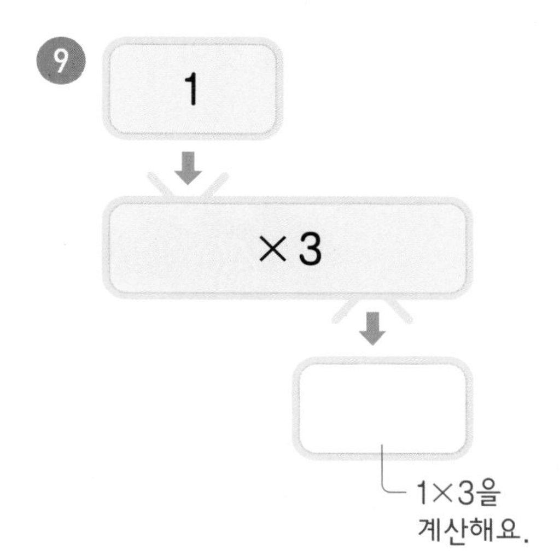
9
1
×3
1×3을
계산해요.

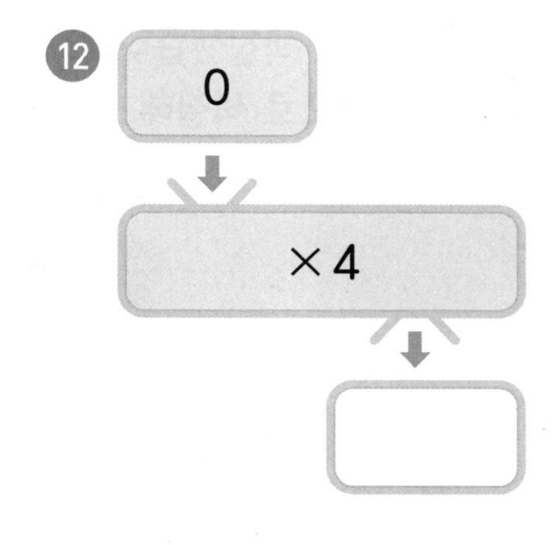
12
0
×4

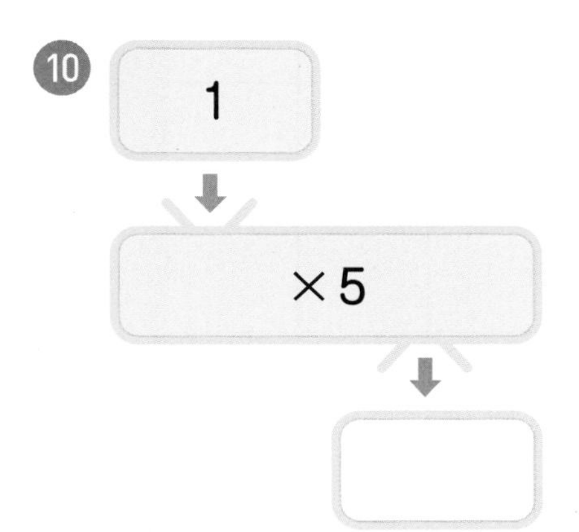
10
1
×5

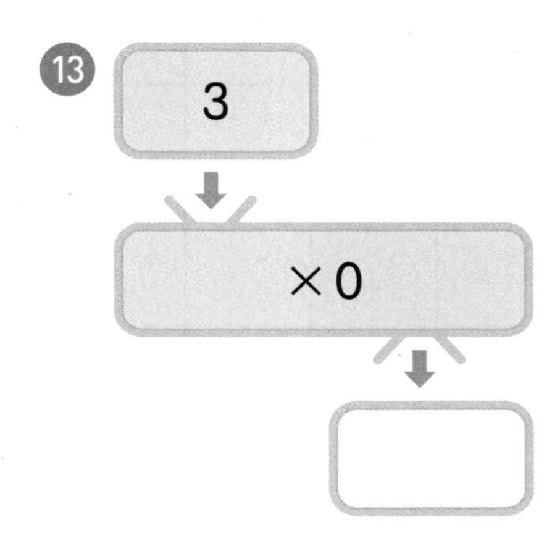
13
3
×0

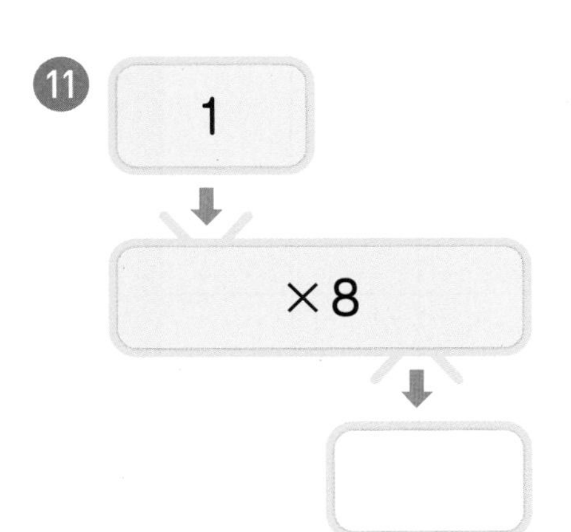
11
1
×8

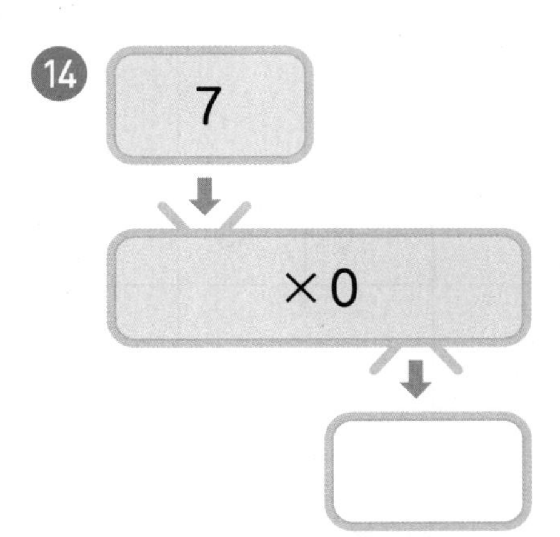
14
7
×0

곱을 5가지 색의 색연필로 색칠했습니다. 곱셈표에서 위 곱을 나타내는 자리를 찾아 색칠한 색연필과 같은 색으로 색칠해 보세요.

12 24 40

18 36

×	0	1	2	3	4	5	6	7	8	9
0										
1										
2										
3										
4										
5										
6										
7										
8										
9										

◎ 계산 결과가 0인 자동차를 모두 찾아 ◯표 하세요.

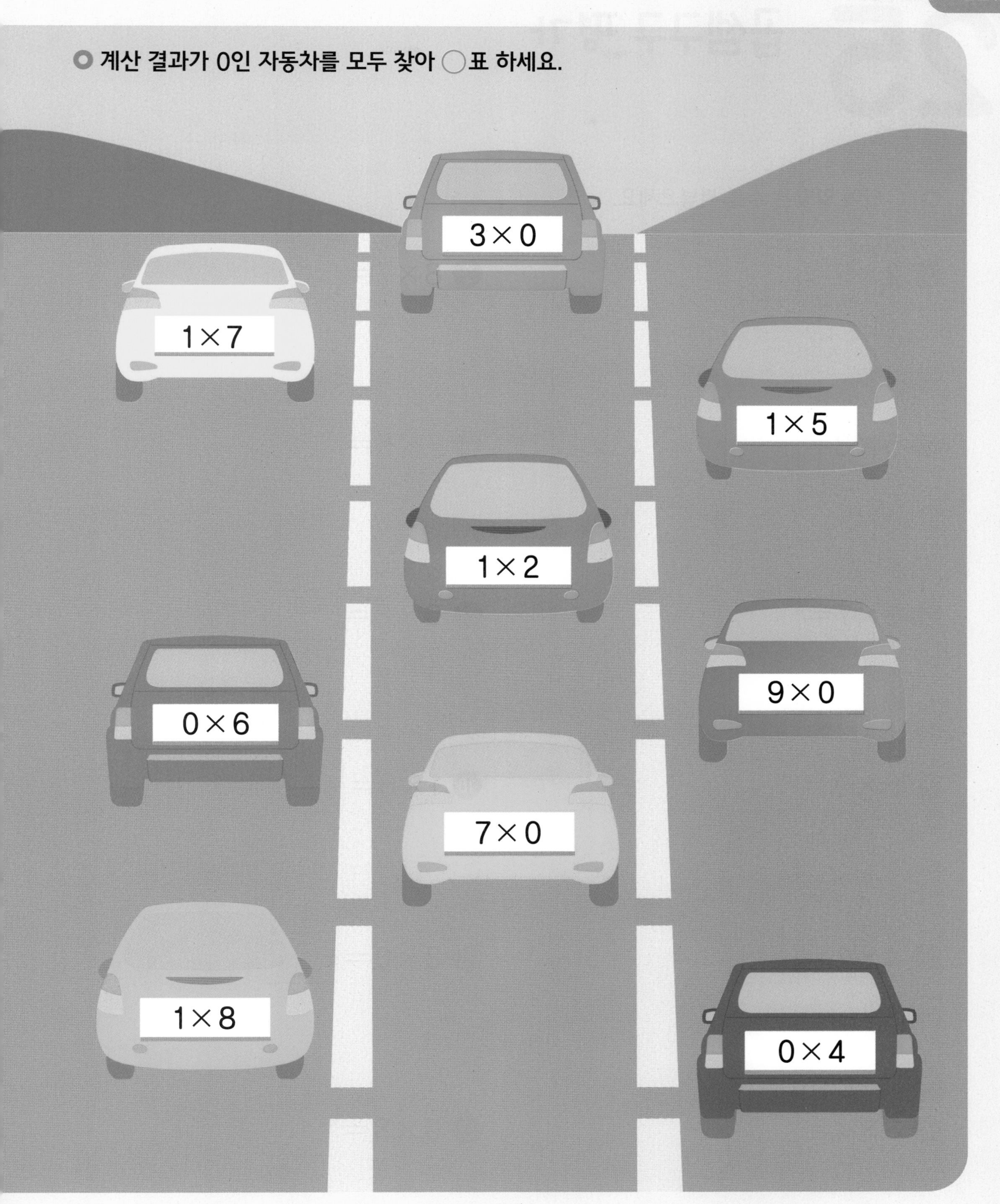

25 곱셈구구 평가

○ □ 안에 알맞은 수를 써넣으세요.

❶ $2\times5=\square$

❷ $5\times3=\square$

❸ $3\times7=\square$

❹ $6\times9=\square$

❺ $4\times2=\square$

❻ $8\times4=\square$

❼ $8\times7=\square$

❽ $7\times5=\square$

❾ $9\times8=\square$

❿ $1\times6=\square$

⓫ $3\times0=\square$

⓬ $0\times8=\square$

⑨ 160 cm = ☐ m ☐ cm

⑩ 250 cm = ☐ m ☐ cm

⑪ 275 cm = ☐ m ☐ cm

⑫ 380 cm = ☐ m ☐ cm

⑬ 427 cm = ☐ m ☐ cm

⑭ 430 cm = ☐ m ☐ cm

⑮ 516 cm = ☐ m ☐ cm

⑯ 590 cm = ☐ m ☐ cm

⑰ 620 cm = ☐ m ☐ cm

⑱ 674 cm = ☐ m ☐ cm

⑲ 708 cm = ☐ m ☐ cm

⑳ 863 cm = ☐ m ☐ cm

㉑ 904 cm = ☐ m ☐ cm

㉒ 982 cm = ☐ m ☐ cm

○ □ 안에 알맞은 수를 써넣으세요.

㉓ 2 m = □ cm

㉔ 4 m = □ cm

㉕ 5 m = □ cm

㉖ 8 m = □ cm

㉗ 9 m = □ cm

㉘ 10 m = □ cm

㉙ 13 m = □ cm

㉚ 14 m = □ cm

㉛ 16 m = □ cm

㉜ 17 m = □ cm

㉝ 19 m = □ cm

㉞ 21 m = □ cm

㉟ 22 m = □ cm

㊱ 24 m = □ cm

㊲ 1 m 40 cm= ☐ cm

㊳ 2 m 60 cm= ☐ cm

㊴ 3 m 25 cm= ☐ cm

㊵ 3 m 90 cm= ☐ cm

㊶ 4 m 48 cm= ☐ cm

㊷ 5 m 32 cm= ☐ cm

㊸ 5 m 70 cm= ☐ cm

㊹ 6 m 19 cm= ☐ cm

㊺ 6 m 85 cm= ☐ cm

㊻ 7 m 29 cm= ☐ cm

㊼ 8 m 40 cm= ☐ cm

㊽ 8 m 72 cm= ☐ cm

㊾ 9 m 1 cm= ☐ cm

㊿ 9 m 56 cm= ☐ cm

27 받아올림이 없는 길이의 합

1 m 10 cm+1 m 30 cm의 계산

m는 m끼리, cm는 cm끼리 더합니다.

	1 m	10 cm
+	1 m	30 cm
		40 cm

→

	1 m	10 cm
+	1 m	30 cm
	2 m	40 cm

계산해 보세요.

❶
	1	m	40	cm
+	2	m	20	cm
	□	m	□	cm

❷
	2	m	10	cm
+	4	m	70	cm
	□	m	□	cm

❸
	3	m	20	cm
+	1	m	30	cm
	□	m	□	cm

❹
	4	m	60	cm
+	3	m	10	cm
	□	m	□	cm

❺
	5	m	50	cm
+	2	m	30	cm
	□	m	□	cm

❻
	6	m	40	cm
+	3	m	50	cm
	□	m	□	cm

⑦ 1 m 30 cm + 3 m 47 cm = □ m □ cm

⑧ 2 m 18 cm + 5 m 50 cm = □ m □ cm

⑨ 3 m 24 cm + 2 m 52 cm = □ m □ cm

⑩ 4 m 15 cm + 5 m 27 cm = □ m □ cm

⑪ 5 m 46 cm + 1 m 13 cm = □ m □ cm

⑫ 6 m 35 cm + 8 m 8 cm = □ m □ cm

⑬ 7 m 28 cm + 4 m 46 cm = □ m □ cm

⑭ 8 m 9 cm + 5 m 36 cm = □ m □ cm

⑮ 9 m 14 cm + 6 m 42 cm = □ m □ cm

⑯ 10 m 21 cm + 4 m 37 cm = □ m □ cm

○ 계산해 보세요.

⑰
$$\begin{array}{rrr} & 1\text{ m} & 60\text{ cm} \\ + & 4\text{ m} & 20\text{ cm} \\ \hline \end{array}$$

⑱
$$\begin{array}{rrr} & 2\text{ m} & 30\text{ cm} \\ + & 6\text{ m} & 50\text{ cm} \\ \hline \end{array}$$

⑲
$$\begin{array}{rrr} & 3\text{ m} & 24\text{ cm} \\ + & 5\text{ m} & 30\text{ cm} \\ \hline \end{array}$$

⑳
$$\begin{array}{rrr} & 4\text{ m} & 15\text{ cm} \\ + & 2\text{ m} & 53\text{ cm} \\ \hline \end{array}$$

㉑
$$\begin{array}{rrr} & 5\text{ m} & 26\text{ cm} \\ + & 3\text{ m} & 41\text{ cm} \\ \hline \end{array}$$

㉒
$$\begin{array}{rrr} & 6\text{ m} & 7\text{ cm} \\ + & 7\text{ m} & 54\text{ cm} \\ \hline \end{array}$$

㉓
$$\begin{array}{rrr} & 7\text{ m} & 36\text{ cm} \\ + & 5\text{ m} & 48\text{ cm} \\ \hline \end{array}$$

㉔
$$\begin{array}{rrr} & 8\text{ m} & 49\text{ cm} \\ + & 6\text{ m} & 5\text{ cm} \\ \hline \end{array}$$

㉕
$$\begin{array}{rrr} & 9\text{ m} & 53\text{ cm} \\ + & 8\text{ m} & 27\text{ cm} \\ \hline \end{array}$$

㉖
$$\begin{array}{rrr} & 10\text{ m} & 64\text{ cm} \\ + & 7\text{ m} & 18\text{ cm} \\ \hline \end{array}$$

㉗ 1 m 50 cm+5 m 40 cm
=

㉘ 2 m 10 cm+4 m 70 cm
=

㉙ 3 m 45 cm+6 m 30 cm
=

㉚ 4 m 20 cm+3 m 39 cm
=

㉛ 5 m 36 cm+4 m 25 cm
=

㉜ 5 m 40 cm+2 m 30 cm
=

㉝ 6 m 5 cm+5 m 73 cm
=

㉞ 6 m 18 cm+4 m 32 cm
=

㉟ 7 m 46 cm+3 m 15 cm
=

㊱ 8 m 37 cm+4 m 55 cm
=

㊲ 9 m 64 cm+7 m 8 cm
=

㊳ 10 m 29 cm+5 m 36 cm
=

28 받아올림이 있는 길이의 합

2 m 70 cm+1 m 40 cm의 계산

cm끼리의 합이 100이거나 100보다 크면 100 cm를 1 m로 받아올림합니다.

	1					1	
	2 m	70 cm				2 m	70 cm
+	1 m	40 cm	→		+	1 m	40 cm
		10 cm				4 m	10 cm

○ 계산해 보세요.

❶
	2 m	60 cm
+	4 m	70 cm
	□ m	□ cm

❷
	3 m	80 cm
+	2 m	40 cm
	□ m	□ cm

❸
	4 m	30 cm
+	3 m	90 cm
	□ m	□ cm

❹
	5 m	90 cm
+	1 m	70 cm
	□ m	□ cm

❺
	6 m	50 cm
+	2 m	80 cm
	□ m	□ cm

❻
	7 m	70 cm
+	1 m	40 cm
	□ m	□ cm

⑦
$$\begin{array}{rrrrr} & 2 & m & 50 & cm \\ + & 1 & m & 85 & cm \\ \hline & \square & m & \square & cm \end{array}$$

⑧
$$\begin{array}{rrrrr} & 3 & m & 75 & cm \\ + & 4 & m & 50 & cm \\ \hline & \square & m & \square & cm \end{array}$$

⑨
$$\begin{array}{rrrrr} & 4 & m & 46 & cm \\ + & 2 & m & 74 & cm \\ \hline & \square & m & \square & cm \end{array}$$

⑩
$$\begin{array}{rrrrr} & 5 & m & 68 & cm \\ + & 3 & m & 42 & cm \\ \hline & \square & m & \square & cm \end{array}$$

⑪
$$\begin{array}{rrrrr} & 6 & m & 74 & cm \\ + & 1 & m & 52 & cm \\ \hline & \square & m & \square & cm \end{array}$$

⑫
$$\begin{array}{rrrrr} & 6 & m & 49 & cm \\ + & 6 & m & 76 & cm \\ \hline & \square & m & \square & cm \end{array}$$

⑬
$$\begin{array}{rrrrr} & 7 & m & 54 & cm \\ + & 4 & m & 69 & cm \\ \hline & \square & m & \square & cm \end{array}$$

⑭
$$\begin{array}{rrrrr} & 7 & m & 82 & cm \\ + & 8 & m & 68 & cm \\ \hline & \square & m & \square & cm \end{array}$$

⑮
$$\begin{array}{rrrrr} & 8 & m & 38 & cm \\ + & 4 & m & 85 & cm \\ \hline & \square & m & \square & cm \end{array}$$

⑯
$$\begin{array}{rrrrr} & 9 & m & 74 & cm \\ + & 6 & m & 65 & cm \\ \hline & \square & m & \square & cm \end{array}$$

○ 계산해 보세요.

⑰
$$\begin{array}{rrr} & 1\text{ m} & 70\text{ cm} \\ + & 5\text{ m} & 50\text{ cm} \\ \hline \end{array}$$

⑱
$$\begin{array}{rrr} & 2\text{ m} & 40\text{ cm} \\ + & 3\text{ m} & 90\text{ cm} \\ \hline \end{array}$$

⑲
$$\begin{array}{rrr} & 3\text{ m} & 80\text{ cm} \\ + & 3\text{ m} & 65\text{ cm} \\ \hline \end{array}$$

⑳
$$\begin{array}{rrr} & 4\text{ m} & 56\text{ cm} \\ + & 3\text{ m} & 72\text{ cm} \\ \hline \end{array}$$

㉑
$$\begin{array}{rrr} & 5\text{ m} & 68\text{ cm} \\ + & 4\text{ m} & 53\text{ cm} \\ \hline \end{array}$$

㉒
$$\begin{array}{rrr} & 6\text{ m} & 67\text{ cm} \\ + & 9\text{ m} & 93\text{ cm} \\ \hline \end{array}$$

㉓
$$\begin{array}{rrr} & 7\text{ m} & 34\text{ cm} \\ + & 5\text{ m} & 69\text{ cm} \\ \hline \end{array}$$

㉔
$$\begin{array}{rrr} & 8\text{ m} & 26\text{ cm} \\ + & 6\text{ m} & 85\text{ cm} \\ \hline \end{array}$$

㉕
$$\begin{array}{rrr} & 9\text{ m} & 83\text{ cm} \\ + & 7\text{ m} & 69\text{ cm} \\ \hline \end{array}$$

㉖
$$\begin{array}{rrr} & 10\text{ m} & 77\text{ cm} \\ + & 4\text{ m} & 58\text{ cm} \\ \hline \end{array}$$

㉗ 1 m 80 cm+4 m 40 cm
=

㉘ 2 m 50 cm+3 m 60 cm
=

㉙ 3 m 95 cm+1 m 40 cm
=

㉚ 4 m 70 cm+3 m 56 cm
=

㉛ 5 m 43 cm+5 m 78 cm
=

㉜ 6 m 57 cm+2 m 48 cm
=

㉝ 6 m 49 cm+5 m 68 cm
=

㉞ 8 m 63 cm+3 m 86 cm
=

㉟ 8 m 72 cm+7 m 43 cm
=

㊱ 9 m 34 cm+3 m 87 cm
=

㊲ 9 m 71 cm+5 m 69 cm
=

㊳ 10 m 52 cm+3 m 93 cm
=

계산 Plus+

길이의 합

○ 빈칸에 알맞은 길이를 써넣으세요.

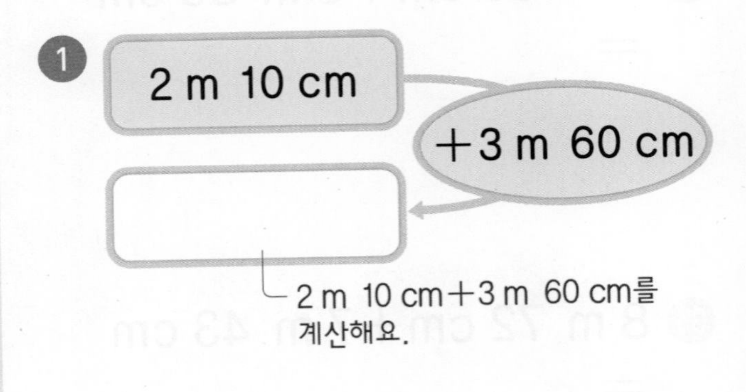

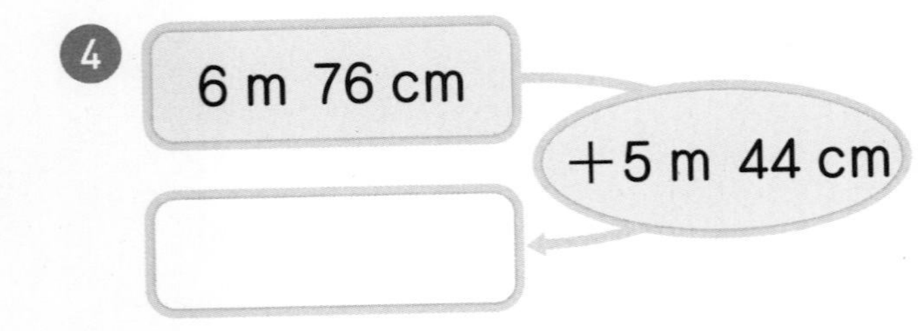

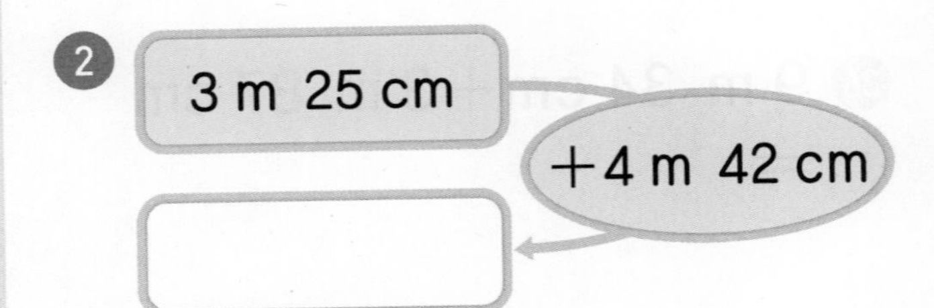

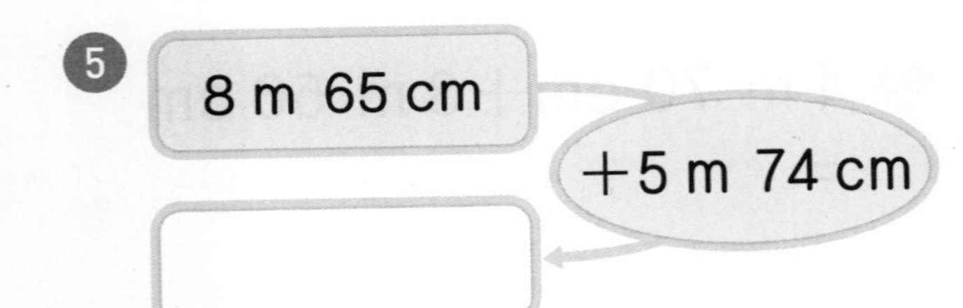

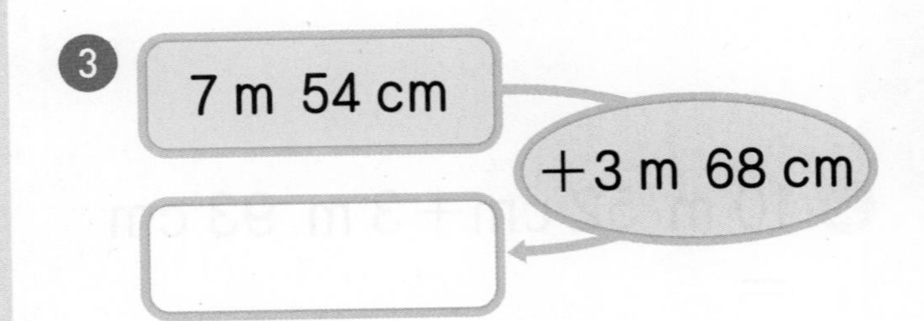

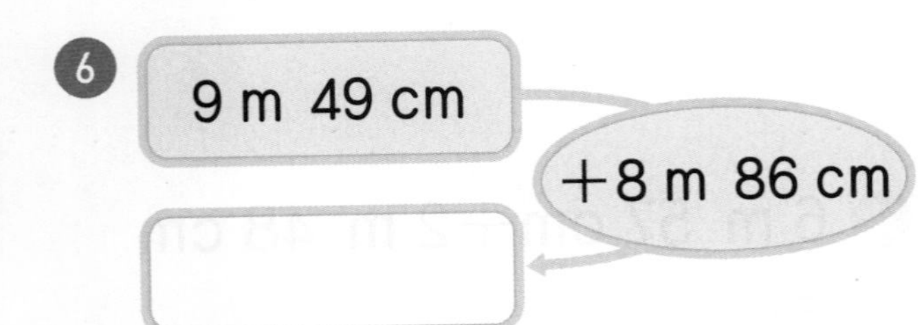

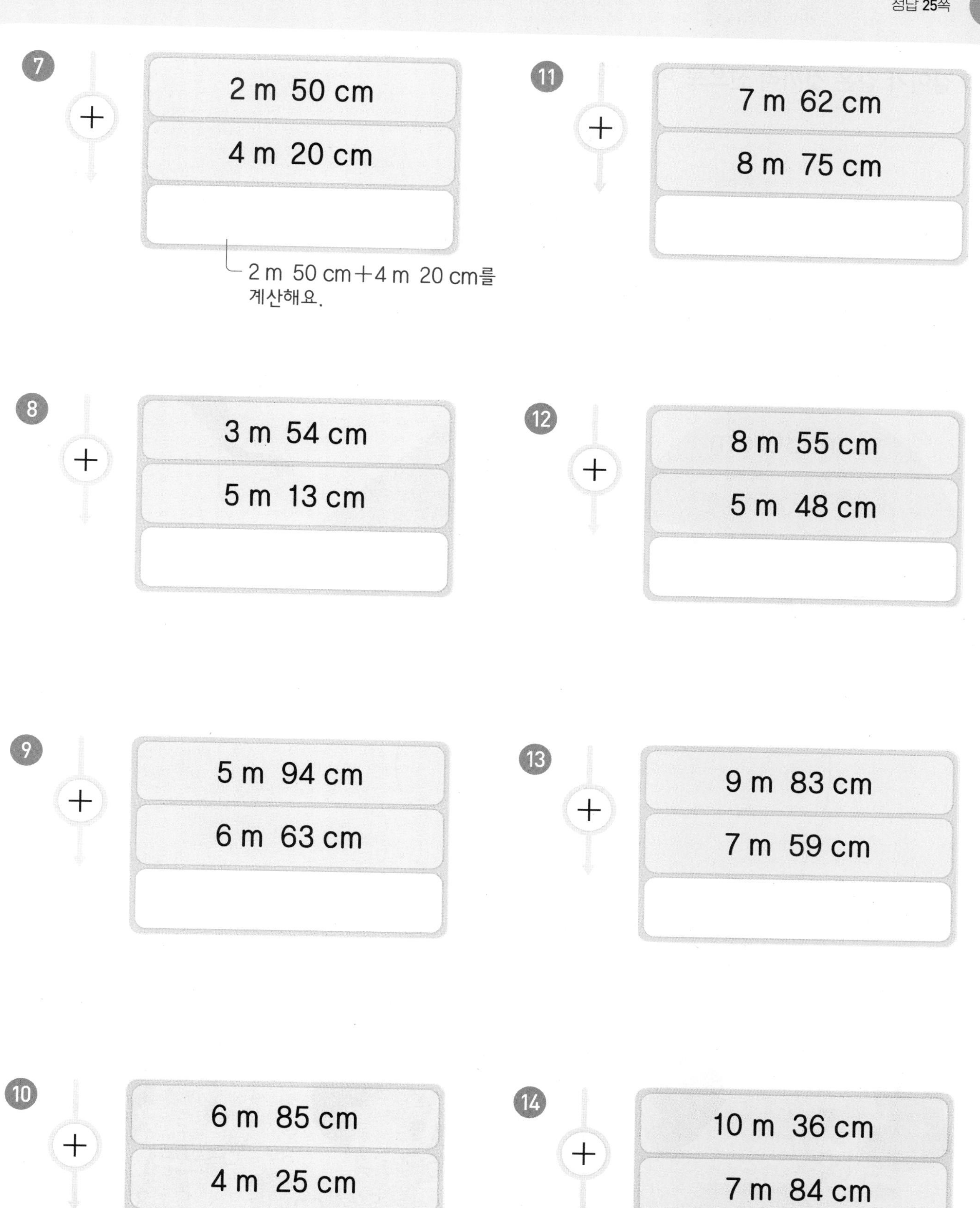
7
+
2 m 50 cm
4 m 20 cm
2 m 50 cm+4 m 20 cm를 계산해요.
11
+
7 m 62 cm
8 m 75 cm
8
+
3 m 54 cm
5 m 13 cm
12
+
8 m 55 cm
5 m 48 cm
9
+
5 m 94 cm
6 m 63 cm
13
+
9 m 83 cm
7 m 59 cm
10
+
6 m 85 cm
4 m 25 cm
14
+
10 m 36 cm
7 m 84 cm

○ 길이가 같은 것끼리 선으로 이어 보세요.

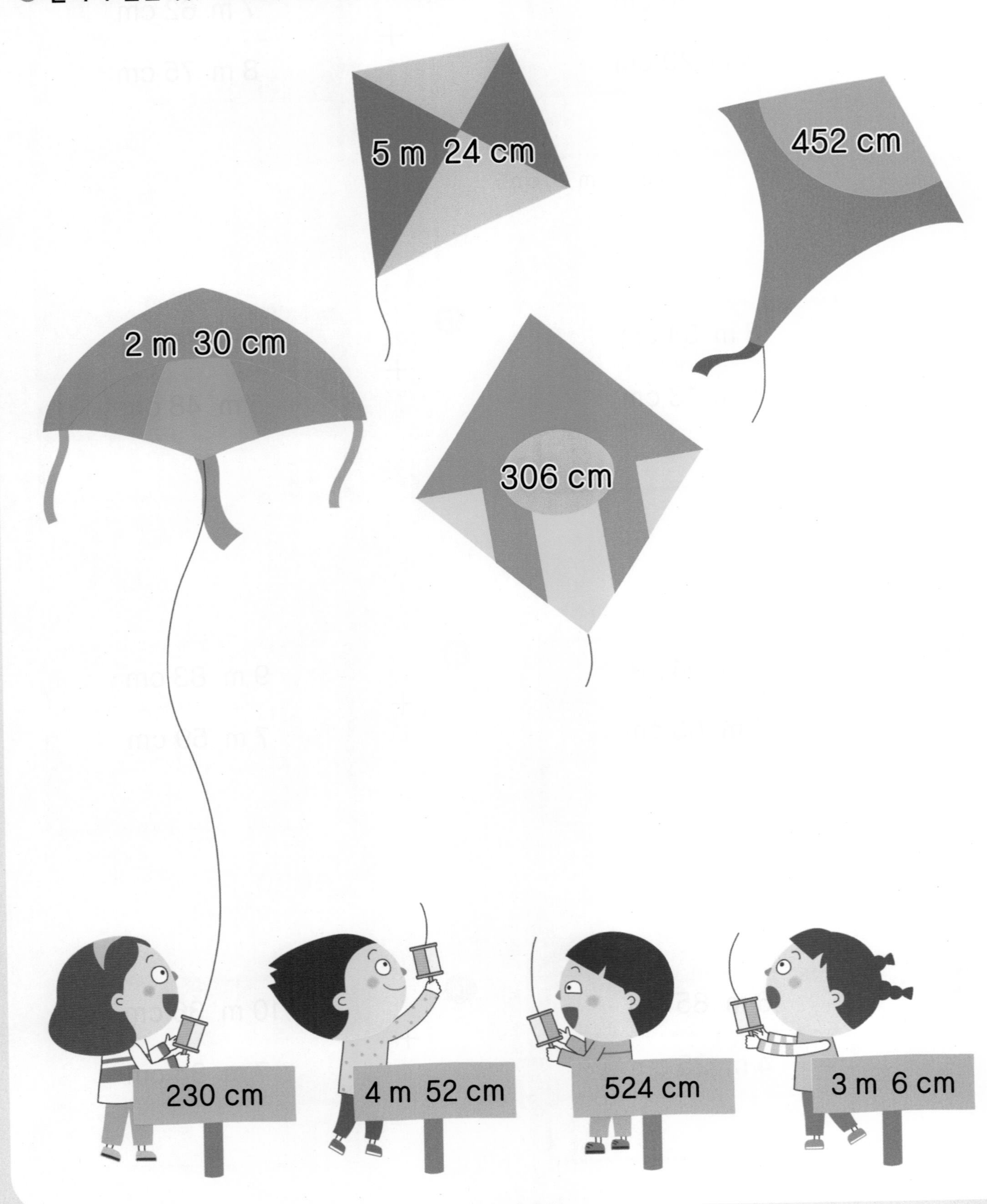

◎ 경찰 4명 중 계산을 잘못한 사람은 가짜 경찰입니다. 가짜 경찰을 찾아 ◯표 하세요.

경찰 1

경찰 2

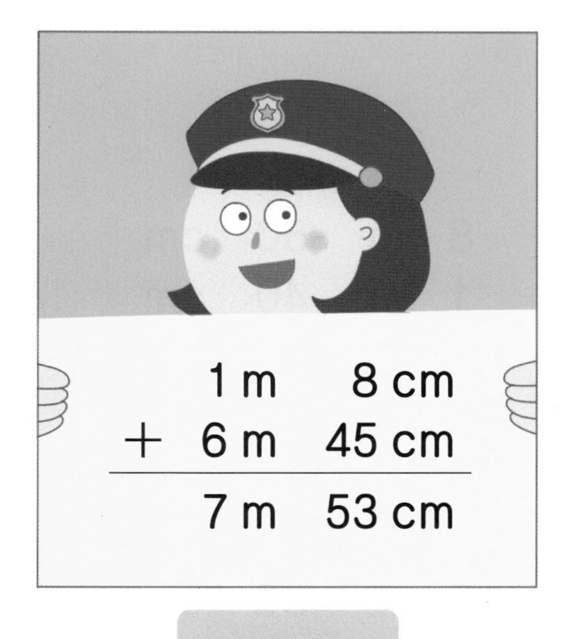

경찰 3

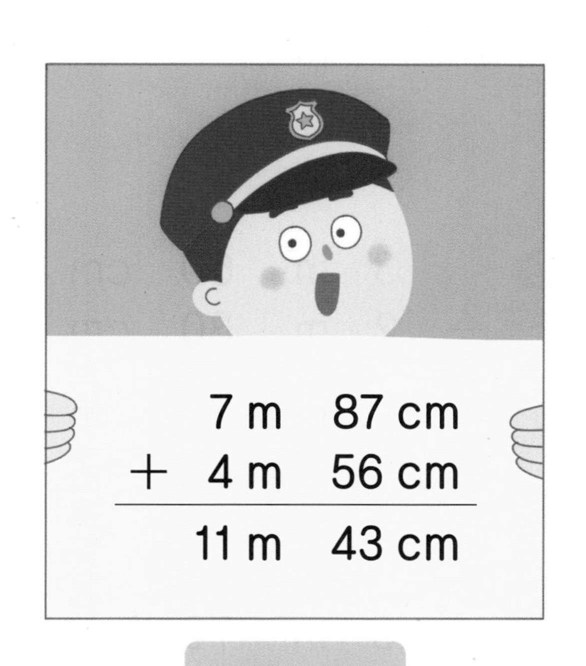

경찰 4

받아내림이 없는 길이의 차

3 m 50 cm − 1 m 20 cm의 계산

m는 m끼리, cm는 cm끼리 뺍니다.

	3 m	50 cm
−	1 m	20 cm
		30 cm

→

	3 m	50 cm
−	1 m	20 cm
	2 m	30 cm

계산해 보세요.

❶ 2 m 80 cm − 1 m 40 cm = □ m □ cm

❷ 3 m 60 cm − 2 m 30 cm = □ m □ cm

❸ 6 m 70 cm − 4 m 10 cm = □ m □ cm

❹ 7 m 40 cm − 3 m 20 cm = □ m □ cm

❺ 8 m 50 cm − 1 m 40 cm = □ m □ cm

❻ 9 m 90 cm − 5 m 60 cm = □ m □ cm

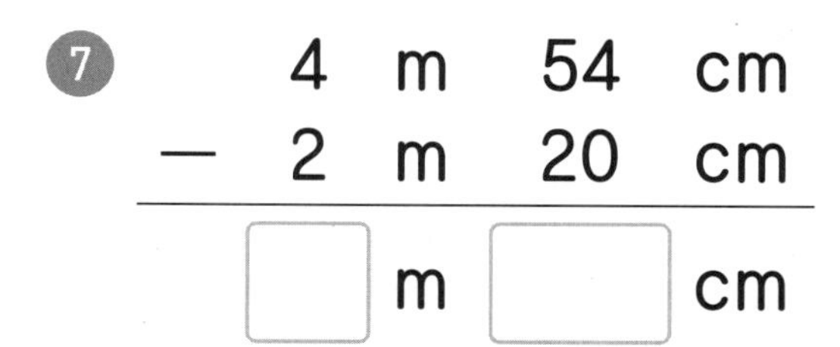

⑦
4 m 54 cm
− 2 m 20 cm
□ m □ cm

⑧
5 m 70 cm
− 2 m 35 cm
□ m □ cm

⑨
5 m 84 cm
− 4 m 50 cm
□ m □ cm

⑩
6 m 69 cm
− 2 m 36 cm
□ m □ cm

⑪
6 m 74 cm
− 5 m 43 cm
□ m □ cm

⑫
7 m 46 cm
− 4 m 31 cm
□ m □ cm

⑬
7 m 52 cm
− 2 m 18 cm
□ m □ cm

⑭
8 m 54 cm
− 3 m 28 cm
□ m □ cm

⑮
9 m 92 cm
− 6 m 46 cm
□ m □ cm

⑯
10 m 63 cm
− 7 m 25 cm
□ m □ cm

○ 계산해 보세요.

⑰ 3 m 70 cm − 1 m 20 cm

⑱ 4 m 60 cm − 3 m 40 cm

⑲ 5 m 85 cm − 2 m 30 cm

⑳ 5 m 86 cm − 3 m 35 cm

㉑ 6 m 38 cm − 4 m 14 cm

㉒ 6 m 77 cm − 1 m 45 cm

㉓ 7 m 53 cm − 4 m 27 cm

㉔ 8 m 54 cm − 5 m 9 cm

㉕ 9 m 65 cm − 4 m 46 cm

㉖ 10 m 91 cm − 6 m 53 cm

㉗ $4\text{ m }70\text{ cm}-1\text{ m }60\text{ cm}$
$=$

㉘ $5\text{ m }30\text{ cm}-3\text{ m }20\text{ cm}$
$=$

㉙ $5\text{ m }67\text{ cm}-4\text{ m }25\text{ cm}$
$=$

㉚ $6\text{ m }45\text{ cm}-2\text{ m }30\text{ cm}$
$=$

㉛ $6\text{ m }82\text{ cm}-5\text{ m }47\text{ cm}$
$=$

㉜ $7\text{ m }74\text{ cm}-3\text{ m }26\text{ cm}$
$=$

㉝ $7\text{ m }86\text{ cm}-5\text{ m }65\text{ cm}$
$=$

㉞ $8\text{ m }26\text{ cm}-2\text{ m }15\text{ cm}$
$=$

㉟ $8\text{ m }81\text{ cm}-4\text{ m }53\text{ cm}$
$=$

㊱ $9\text{ m }59\text{ cm}-2\text{ m }32\text{ cm}$
$=$

㊲ $9\text{ m }93\text{ cm}-5\text{ m }84\text{ cm}$
$=$

㊳ $10\text{ m }46\text{ cm}-8\text{ m }27\text{ cm}$
$=$

31 받아내림이 있는 길이의 차

3 m 20 cm－1 m 50 cm의 계산

cm끼리 뺄 수 없으면 1 m를 100 cm로 받아내림합니다.

$$\begin{array}{rr} \overset{2}{\cancel{3}}\text{ m} & \overset{100}{20}\text{ cm} \\ -\ 1\text{ m} & 50\text{ cm} \\ \hline & 70\text{ cm} \end{array} \rightarrow \begin{array}{rr} \overset{2}{\cancel{3}}\text{ m} & \overset{100}{20}\text{ cm} \\ -\ 1\text{ m} & 50\text{ cm} \\ \hline 1\text{ m} & 70\text{ cm} \end{array}$$

○ 계산해 보세요.

① $\begin{array}{rrrr} & 4\text{ m} & 60\text{ cm} \\ - & 1\text{ m} & 80\text{ cm} \\ \hline & \square\text{ m} & \square\text{ cm} \end{array}$

② $\begin{array}{rrrr} & 5\text{ m} & 50\text{ cm} \\ - & 1\text{ m} & 60\text{ cm} \\ \hline & \square\text{ m} & \square\text{ cm} \end{array}$

③ $\begin{array}{rrrr} & 6\text{ m} & 10\text{ cm} \\ - & 3\text{ m} & 50\text{ cm} \\ \hline & \square\text{ m} & \square\text{ cm} \end{array}$

④ $\begin{array}{rrrr} & 7\text{ m} & 20\text{ cm} \\ - & 5\text{ m} & 60\text{ cm} \\ \hline & \square\text{ m} & \square\text{ cm} \end{array}$

⑤ $\begin{array}{rrrr} & 8\text{ m} & 40\text{ cm} \\ - & 2\text{ m} & 90\text{ cm} \\ \hline & \square\text{ m} & \square\text{ cm} \end{array}$

⑥ $\begin{array}{rrrr} & 9\text{ m} & 30\text{ cm} \\ - & 4\text{ m} & 40\text{ cm} \\ \hline & \square\text{ m} & \square\text{ cm} \end{array}$

⑦
3 m 50 cm
− 1 m 75 cm
□ m □ cm

⑧
4 m 35 cm
− 2 m 60 cm
□ m □ cm

⑨
5 m 20 cm
− 3 m 54 cm
□ m □ cm

⑩
6 m 54 cm
− 2 m 78 cm
□ m □ cm

⑪
6 m 72 cm
− 4 m 87 cm
□ m □ cm

⑫
7 m 49 cm
− 4 m 85 cm
□ m □ cm

⑬
7 m 64 cm
− 5 m 88 cm
□ m □ cm

⑭
8 m 38 cm
− 2 m 97 cm
□ m □ cm

⑮
8 m 43 cm
− 5 m 76 cm
□ m □ cm

⑯
9 m 7 cm
− 6 m 45 cm
□ m □ cm

○ 계산해 보세요.

⑰
$$\begin{array}{rrr} & 4\text{ m} & 20\text{ cm} \\ - & 1\text{ m} & 60\text{ cm} \\ \hline \end{array}$$

⑱
$$\begin{array}{rrr} & 5\text{ m} & 40\text{ cm} \\ - & 2\text{ m} & 80\text{ cm} \\ \hline \end{array}$$

⑲
$$\begin{array}{rrr} & 5\text{ m} & 60\text{ cm} \\ - & 3\text{ m} & 75\text{ cm} \\ \hline \end{array}$$

⑳
$$\begin{array}{rrr} & 6\text{ m} & 25\text{ cm} \\ - & 3\text{ m} & 82\text{ cm} \\ \hline \end{array}$$

㉑
$$\begin{array}{rrr} & 6\text{ m} & 51\text{ cm} \\ - & 4\text{ m} & 67\text{ cm} \\ \hline \end{array}$$

㉒
$$\begin{array}{rrr} & 7\text{ m} & 4\text{ cm} \\ - & 2\text{ m} & 58\text{ cm} \\ \hline \end{array}$$

㉓
$$\begin{array}{rrr} & 7\text{ m} & 86\text{ cm} \\ - & 3\text{ m} & 97\text{ cm} \\ \hline \end{array}$$

㉔
$$\begin{array}{rrr} & 8\text{ m} & 24\text{ cm} \\ - & 5\text{ m} & 46\text{ cm} \\ \hline \end{array}$$

㉕
$$\begin{array}{rrr} & 9\text{ m} & 44\text{ cm} \\ - & 7\text{ m} & 69\text{ cm} \\ \hline \end{array}$$

㉖
$$\begin{array}{rrr} & 10\text{ m} & 53\text{ cm} \\ - & 8\text{ m} & 79\text{ cm} \\ \hline \end{array}$$

㉗ 3 m 30 cm－1 m 80 cm
=

㉘ 4 m 50 cm－2 m 90 cm
=

㉙ 5 m 20 cm－3 m 65 cm
=

㉚ 6 m 14 cm－1 m 56 cm
=

㉛ 6 m 72 cm－4 m 88 cm
=

㉜ 7 m 47 cm－2 m 65 cm
=

㉝ 7 m 64 cm－5 m 98 cm
=

㉞ 8 m 6 cm－3 m 54 cm
=

㉟ 8 m 34 cm－6 m 43 cm
=

㊱ 9 m 41 cm－5 m 87 cm
=

㊲ 10 m 7 cm－7 m 45 cm
=

㊳ 10 m 54 cm－8 m 65 cm
=

32 계산 Plus+

길이의 차

○ 빈칸에 알맞은 길이를 써넣으세요.

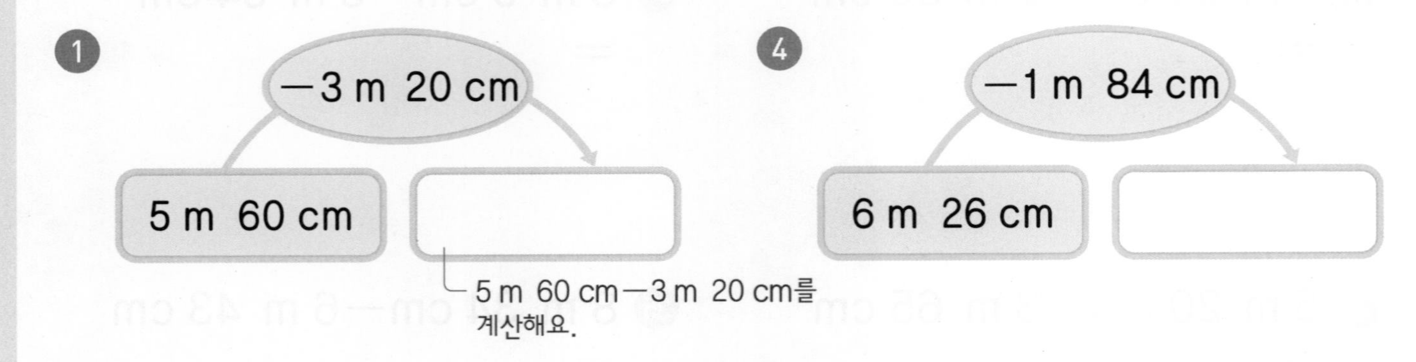

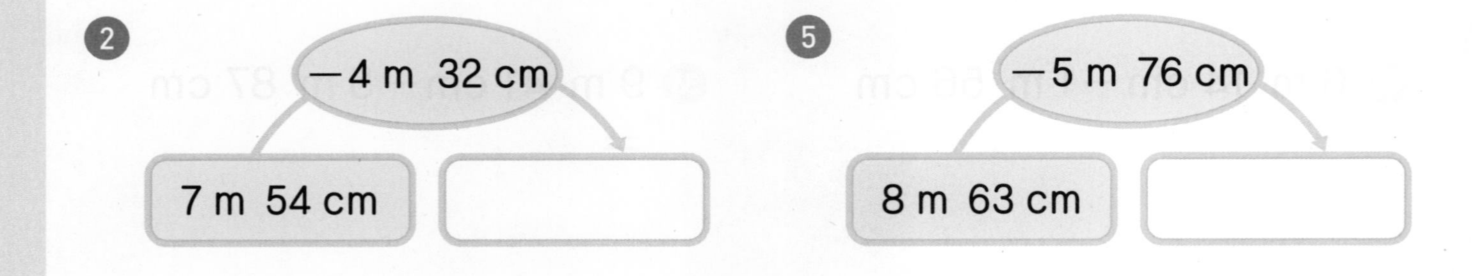

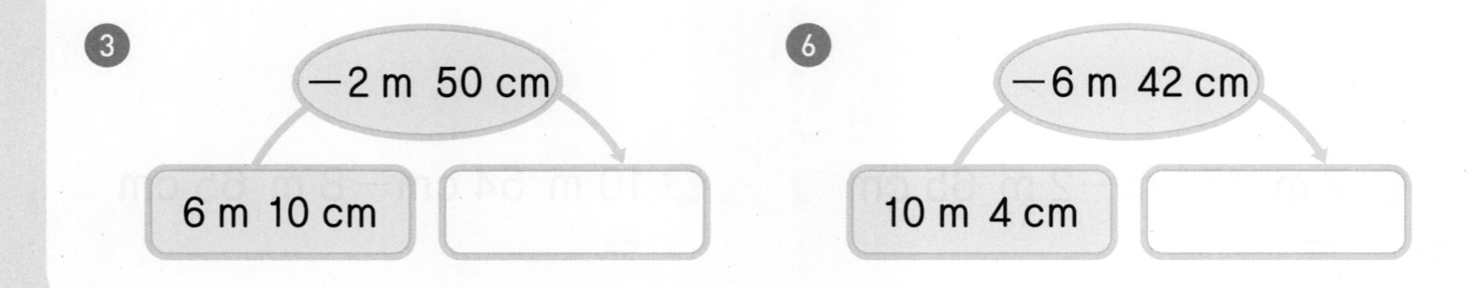

7
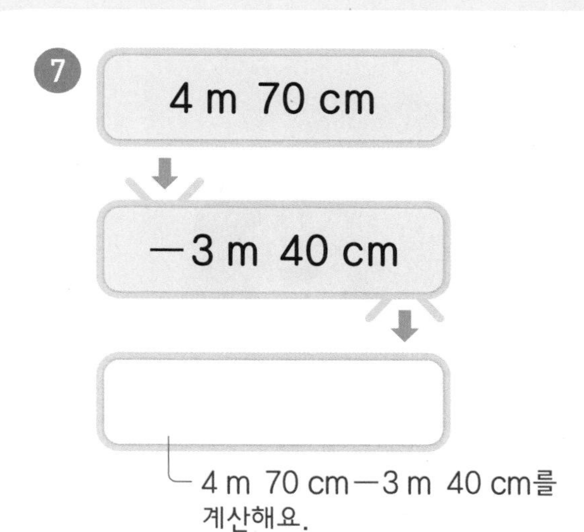

8
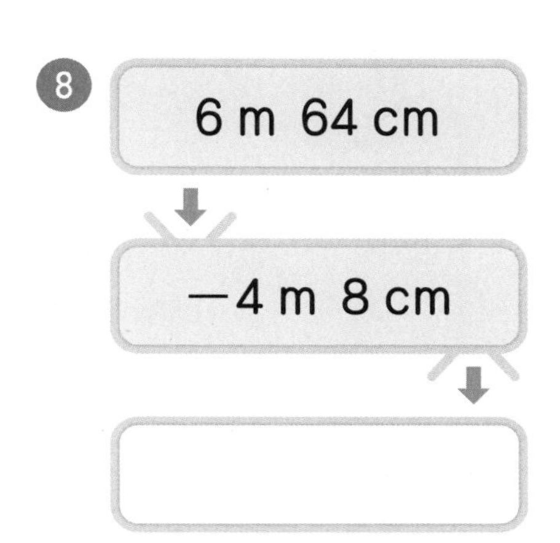

9
5 m 63 cm
−2 m 84 cm

10
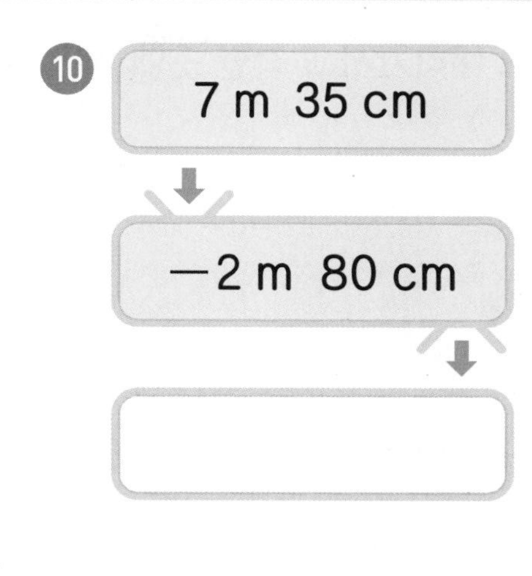

11
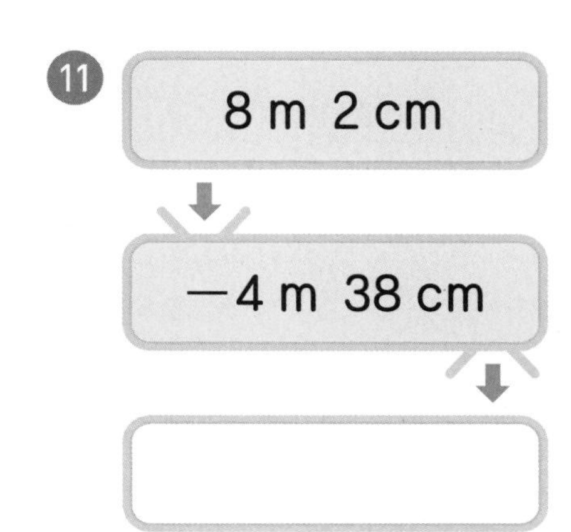

12
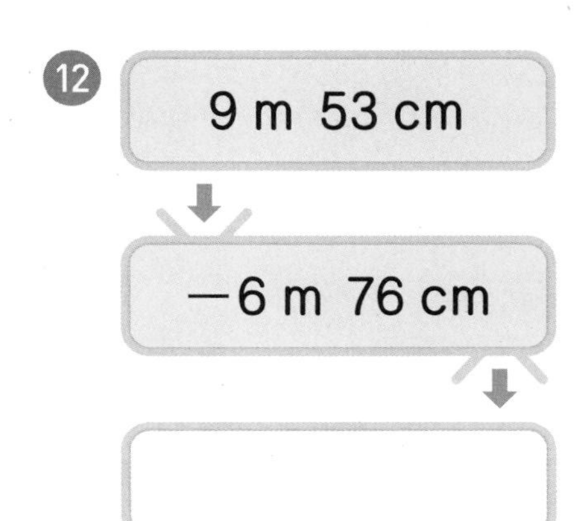

사다리를 타고 내려가서 도착한 곳에 계산 결과를 써넣으세요.

4 m 54 cm－2 m 17 cm

7 m 36 cm－3 m 58 cm

9 m 6 cm－5 m 43 cm

◎ 길이의 차가 더 긴 길이를 따라갈 때 도착하는 장소에 ◯표 하세요.

길이의 합과 차 평가

○ □ 안에 알맞은 수를 써넣으세요.

① 200 cm = □ m

② 472 cm = □ m □ cm

③ 809 cm = □ m □ cm

④ 7 m = □ cm

⑤ 5 m 46 cm = □ cm

⑥ 11 m 8 cm = □ cm

○ 계산해 보세요.

⑦
```
    4 m  13 cm
+   5 m  47 cm
--------------
```

⑧
```
    7 m  56 cm
+   4 m  78 cm
--------------
```

⑨
```
    9 m  77 cm
-   2 m  34 cm
--------------
```

⑩
```
    8 m   8 cm
-   4 m  67 cm
--------------
```

⑦ 70분 = □시간 □분

⑧ 90분 = □시간 □분

⑨ 110분 = □시간 □분

⑩ 150분 = □시간 □분

⑪ 175분 = □시간 □분

⑫ 192분 = □시간 □분

⑬ 200분 = □시간 □분

⑭ 235분 = □시간 □분

⑮ 268분 = □시간 □분

⑯ 317분 = □시간 □분

⑰ 345분 = □시간 □분

⑱ 374분 = □시간 □분

⑲ 406분 = □시간 □분

⑳ 419분 = □시간 □분

○ □ 안에 알맞은 수를 써넣으세요.

㉑ 2시간＝□분

㉒ 3시간＝□분

㉓ 4시간＝□분

㉔ 5시간＝□분

㉕ 6시간＝□분

㉖ 7시간＝□분

㉗ 8시간＝□분

㉘ 9시간＝□분

㉙ 11시간＝□분

㉚ 12시간＝□분

㉛ 13시간＝□분

㉜ 14시간＝□분

㉝ 15시간＝□분

㉞ 16시간＝□분

㉟ 1시간 5분 = □ 분

㊱ 1시간 36분 = □ 분

㊲ 1시간 49분 = □ 분

㊳ 2시간 14분 = □ 분

㊴ 2시간 57분 = □ 분

㊵ 3시간 25분 = □ 분

㊶ 3시간 46분 = □ 분

㊷ 4시간 18분 = □ 분

㊸ 4시간 57분 = □ 분

㊹ 5시간 43분 = □ 분

㊺ 6시간 9분 = □ 분

㊻ 6시간 54분 = □ 분

㊼ 7시간 27분 = □ 분

㊽ 8시간 33분 = □ 분

하루의 시간

하루의 시간

- 하루는 24시간입니다.

1일=24시간

- 하루 ─ 오전: 전날 밤 12시부터 낮 12시까지
  　　　 └ 오후: 낮 12시부터 밤 12시까지

날과 시간 사이의 관계 – '1일=24시간'임을 이용합니다.

- 1일 5시간=24시간+5시간
  =29시간
- 60시간=24시간+24시간+12시간
  =2일 12시간

○ □ 안에 알맞은 수를 써넣으세요.

❶ 1일=□시간

❷ 2일=□시간

❸ 3일=□시간

❹ 5일=□시간

❺ 6일=□시간

❻ 7일=□시간

⑦ 1일 3시간= □ 시간

⑧ 1일 16시간= □ 시간

⑨ 1일 19시간= □ 시간

⑩ 2일 6시간= □ 시간

⑪ 2일 17시간= □ 시간

⑫ 3일 2시간= □ 시간

⑬ 3일 9시간= □ 시간

⑭ 3일 14시간= □ 시간

⑮ 4일 7시간= □ 시간

⑯ 4일 21시간= □ 시간

⑰ 5일 4시간= □ 시간

⑱ 5일 13시간= □ 시간

⑲ 6일 8시간= □ 시간

⑳ 6일 22시간= □ 시간

○ □ 안에 알맞은 수를 써넣으세요.

㉑ 24시간＝□일

㉒ 48시간＝□일

㉓ 96시간＝□일

㉔ 120시간＝□일

㉕ 144시간＝□일

㉖ 192시간＝□일

㉗ 216시간＝□일

㉘ 240시간＝□일

㉙ 288시간＝□일

㉚ 312시간＝□일

㉛ 360시간＝□일

㉜ 384시간＝□일

㉝ 432시간＝□일

㉞ 480시간＝□일

㉟ 26시간 = □일 □시간

㊱ 31시간 = □일 □시간

㊲ 39시간 = □일 □시간

㊳ 42시간 = □일 □시간

㊴ 53시간 = □일 □시간

㊵ 57시간 = □일 □시간

㊶ 64시간 = □일 □시간

㊷ 70시간 = □일 □시간

㊸ 78시간 = □일 □시간

㊹ 92시간 = □일 □시간

㊺ 99시간 = □일 □시간

㊻ 105시간 = □일 □시간

㊼ 126시간 = □일 □시간

㊽ 137시간 = □일 □시간

계산 Plus+

분, 시간, 날 사이의 관계

○ 시간 단위 사이의 관계를 이용하여 주어진 시간 단위로 나타내어 보세요.

1. 1시간 ➡ ( ) 분
2. 2시간 16분 ➡ ( ) 분
3. 3시간 45분 ➡ ( ) 분
4. 4시간 ➡ ( ) 분
5. 4시간 36분 ➡ ( ) 분
6. 2일 ➡ ( ) 시간
7. 3일 5시간 ➡ ( ) 시간
8. 4일 ➡ ( ) 시간
9. 5일 8시간 ➡ ( ) 시간
10. 6일 2시간 ➡ ( ) 시간

주어진 시간과 다른 시간에 ×표 하세요.

11

12

13

14

15
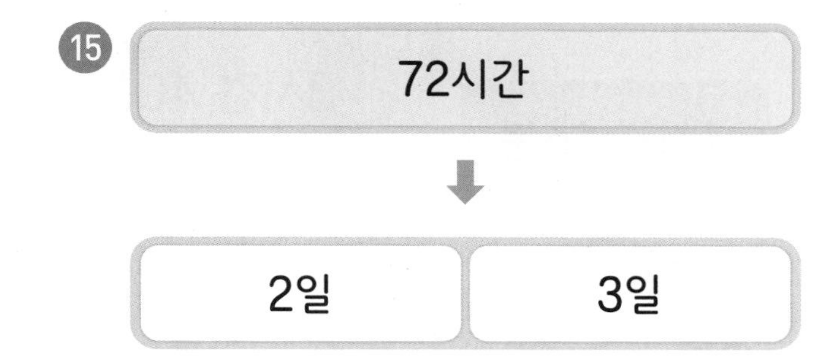

16
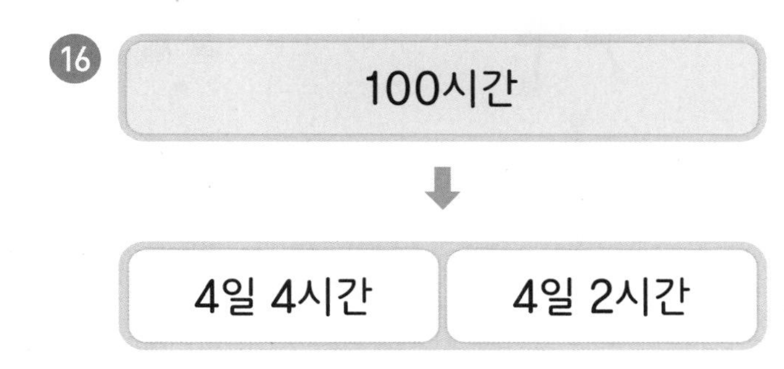

17
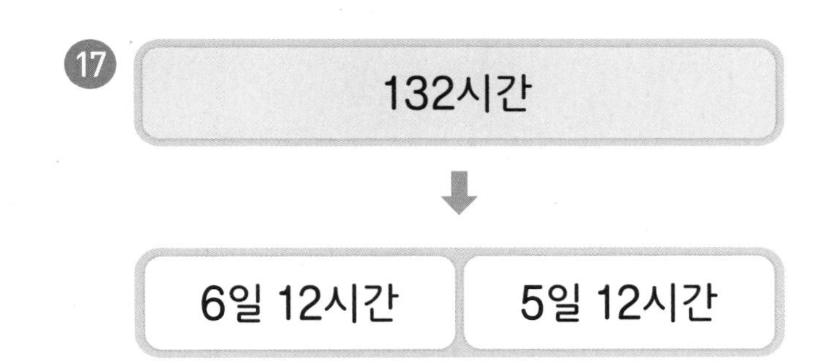

18
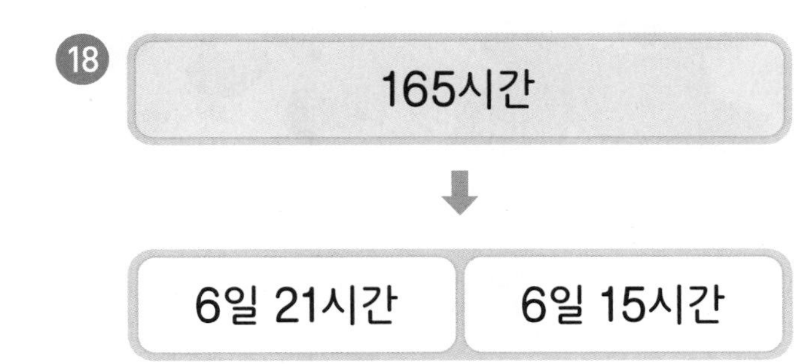

○ 선을 따라 내려가 나타내는 시간이 같도록 주어진 시간 단위로 나타내어 보세요.

안내판에 있는 시간과 같은 시간이 적힌 돌을 찾아보려고 합니다.
안내판에 있는 시간과 관계 있는 색으로 돌에 색칠해 보세요.

안내판

1일 6시간 2일 11시간 3일

3일 8시간 4일 19시간 5일

130시간 120시간 72시간

30시간 60시간 79시간 59시간

115시간 105시간 80시간

37 일주일 알아보기

1주일

1주일은 7일입니다.

1주일=7일

일	월	화	수	목	금	토
			1	2	3	4
⑤	⑥	⑦	⑧	⑨	⑩	⑪
12	13	14	15	16	17	18
19	20	21	22	23	24	25
26	27	28	29	30	31	

일주일은 7일입니다.

주일과 날 사이의 관계 – '1주일=7일'임을 이용합니다.

- 1주일 5일=7일+5일
  =12일
- 18일=7일+7일+4일
  =2주일 4일

□ 안에 알맞은 수를 써넣으세요.

1. 1주일=□일
2. 3주일=□일
3. 4주일=□일
4. 6주일=□일
5. 7주일=□일
6. 8주일=□일

⑦ 1주일 3일 = ☐ 일

⑧ 1주일 6일 = ☐ 일

⑨ 2주일 1일 = ☐ 일

⑩ 2주일 4일 = ☐ 일

⑪ 3주일 2일 = ☐ 일

⑫ 3주일 6일 = ☐ 일

⑬ 4주일 1일 = ☐ 일

⑭ 4주일 5일 = ☐ 일

⑮ 5주일 3일 = ☐ 일

⑯ 6주일 6일 = ☐ 일

⑰ 7주일 5일 = ☐ 일

⑱ 8주일 2일 = ☐ 일

⑲ 8주일 6일 = ☐ 일

⑳ 9주일 4일 = ☐ 일

○ ▢ 안에 알맞은 수를 써넣으세요.

㉑ 7일 = ▢ 주일

㉒ 14일 = ▢ 주일

㉓ 28일 = ▢ 주일

㉔ 35일 = ▢ 주일

㉕ 49일 = ▢ 주일

㉖ 63일 = ▢ 주일

㉗ 70일 = ▢ 주일

㉘ 9일 = ▢ 주일 ▢ 일

㉙ 11일 = ▢ 주일 ▢ 일

㉚ 17일 = ▢ 주일 ▢ 일

㉛ 20일 = ▢ 주일 ▢ 일

㉜ 22일 = ▢ 주일 ▢ 일

㉝ 24일 = ▢ 주일 ▢ 일

㉞ 26일 = ▢ 주일 ▢ 일

㉟ 32일 = □ 주일 □ 일

㊱ 34일 = □ 주일 □ 일

㊲ 36일 = □ 주일 □ 일

㊳ 39일 = □ 주일 □ 일

㊴ 41일 = □ 주일 □ 일

㊵ 44일 = □ 주일 □ 일

㊶ 46일 = □ 주일 □ 일

㊷ 50일 = □ 주일 □ 일

㊸ 53일 = □ 주일 □ 일

㊹ 55일 = □ 주일 □ 일

㊺ 59일 = □ 주일 □ 일

㊻ 61일 = □ 주일 □ 일

㊼ 65일 = □ 주일 □ 일

㊽ 69일 = □ 주일 □ 일

38 일 년 알아보기

1년

1년은 12개월입니다.

1년=12개월

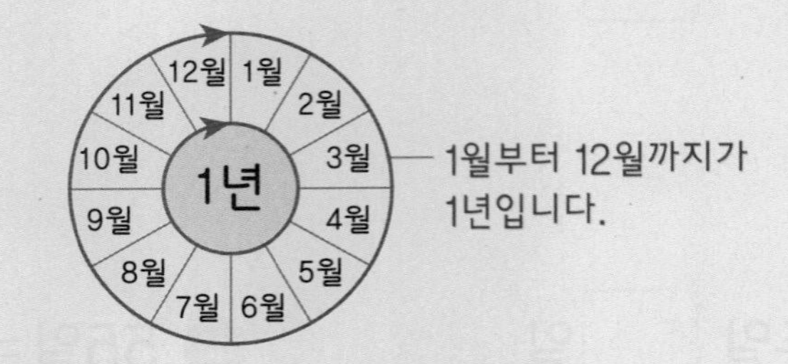

년과 개월 사이의 관계 – '1년=12개월'임을 이용합니다.

- 1년 4개월=12개월+4개월
  =16개월
- 17개월=12개월+5개월
  =1년 5개월

□ 안에 알맞은 수를 써넣으세요.

① 1년=□개월

② 2년=□개월

③ 3년=□개월

④ 6년=□개월

⑤ 7년=□개월

⑥ 8년=□개월

⑦ 1년 3개월 = ☐ 개월

⑧ 1년 9개월 = ☐ 개월

⑨ 2년 6개월 = ☐ 개월

⑩ 2년 10개월 = ☐ 개월

⑪ 3년 5개월 = ☐ 개월

⑫ 3년 8개월 = ☐ 개월

⑬ 4년 3개월 = ☐ 개월

⑭ 4년 7개월 = ☐ 개월

⑮ 5년 2개월 = ☐ 개월

⑯ 5년 7개월 = ☐ 개월

⑰ 6년 4개월 = ☐ 개월

⑱ 6년 9개월 = ☐ 개월

⑲ 7년 7개월 = ☐ 개월

⑳ 7년 11개월 = ☐ 개월

○ □ 안에 알맞은 수를 써넣으세요.

㉑ 12개월 = □ 년

㉒ 36개월 = □ 년

㉓ 48개월 = □ 년

㉔ 60개월 = □ 년

㉕ 84개월 = □ 년

㉖ 96개월 = □ 년

㉗ 120개월 = □ 년

㉘ 13개월 = □ 년 □ 개월

㉙ 16개월 = □ 년 □ 개월

㉚ 20개월 = □ 년 □ 개월

㉛ 25개월 = □ 년 □ 개월

㉜ 27개월 = □ 년 □ 개월

㉝ 33개월 = □ 년 □ 개월

㉞ 35개월 = □ 년 □ 개월

㉟ 38개월 = □ 년 □ 개월

㊱ 40개월 = □ 년 □ 개월

㊲ 43개월 = □ 년 □ 개월

㊳ 46개월 = □ 년 □ 개월

㊴ 49개월 = □ 년 □ 개월

㊵ 52개월 = □ 년 □ 개월

㊶ 57개월 = □ 년 □ 개월

㊷ 63개월 = □ 년 □ 개월

㊸ 68개월 = □ 년 □ 개월

㊹ 74개월 = □ 년 □ 개월

㊺ 79개월 = □ 년 □ 개월

㊻ 82개월 = □ 년 □ 개월

㊼ 89개월 = □ 년 □ 개월

㊽ 93개월 = □ 년 □ 개월

계산 Plus+

일주일, 일 년 알아보기

○ 시간 단위 사이의 관계를 이용하여 주어진 시간 단위로 나타내어 보세요.

1. 1주일 5일 → ( ) 일
2. 2주일 2일 → ( ) 일
3. 3주일 4일 → ( ) 일
4. 4주일 3일 → ( ) 일
5. 5주일 5일 → ( ) 일
6. 1년 7개월 → ( ) 개월
7. 2년 4개월 → ( ) 개월
8. 3년 6개월 → ( ) 개월
9. 4년 8개월 → ( ) 개월
10. 6년 11개월 → ( ) 개월

- 계산해 보세요. [⑫~⑰]

⑫ 2 m 18 cm+1 m 34 cm
=

⑬ 3 m 47 cm+2 m 96 cm
=

⑭ 5 m 75 cm+2 m 52 cm
=

⑮ 3 m 62 cm−2 m 23 cm
=

⑯ 4 m 29 cm−1 m 48 cm
=

⑰ 7 m 31 cm−3 m 85 cm
=

- □ 안에 알맞은 수를 써넣으세요. [⑱~㉕]

⑱ 1시간 12분=□분

⑲ 193분=□시간 □분

⑳ 2일 8시간=□시간

㉑ 84시간=□일 □시간

㉒ 2주일 3일=□일

㉓ 32일=□주일 □일

㉔ 1년 10개월=□개월

㉕ 19개월=□년 □개월

실력 평가 2회

❶ 수를 읽어 보세요.

6483	

○ 밑줄 친 숫자가 나타내는 값을 찾아 ○표 하세요. [❷~❸]

❷

2794		
7000	700	7

❸

4153		
5000	500	50

❹ 뛰어 세는 규칙을 찾아 빈칸에 알맞은 수를 써넣으세요.

□ - 3685 - 4685 - □ - 6685 - □

❺ 더 큰 수에 ○표 하세요.

5637 5948

○ □ 안에 알맞은 수를 써넣으세요. [❻~⓫]

❻ $2 \times 5 =$ □

❼ $3 \times 3 =$ □

❽ $6 \times 2 =$ □

❾ $8 \times 7 =$ □

❿ $7 \times 9 =$ □

⓫ $5 \times 0 =$ □

○ 계산해 보세요. [⑫~⑰]

⑫ 3 m 52 cm+2 m 13 cm
=

⑬ 5 m 79 cm+3 m 34 cm
=

⑭ 8 m 68 cm+1 m 56 cm
=

⑮ 4 m 41 cm−1 m 20 cm
=

⑯ 7 m 10 cm−5 m 41 cm
=

⑰ 8 m 32 cm−3 m 67 cm
=

○ □ 안에 알맞은 수를 써넣으세요. [⑱~㉕]

⑱ 3시간 45분=□분

⑲ 409분=□시간 □분

⑳ 3일 4시간=□시간

㉑ 106시간=□일 □시간

㉒ 3주일 2일=□일

㉓ 37일=□주일 □일

㉔ 2년 5개월=□개월

㉕ 40개월=□년 □개월

실력 평가 3회

1 □ 안에 알맞은 수를 써넣으세요.

1000이 7개
100이 5개
10이 3개
1이 6개
이면 □

2 빈칸에 빨간색 숫자가 나타내는 값을 써넣으세요.

8475	

3 뛰어 세는 규칙을 찾아 빈칸에 알맞은 수를 써넣으세요.

9421 — □ — □ — □ — 9461 — 9471

4 두 수의 크기를 비교하여 ○ 안에 > 또는 <를 알맞게 써넣으세요.

6293 ○ 6271

5 가장 작은 수를 찾아 △표 하세요.

9357 5919 7483

○ □ 안에 알맞은 수를 써넣으세요. [6~11]

6 $5 \times 6 =$ □

7 $6 \times 3 =$ □

8 $4 \times 8 =$ □

9 $8 \times 9 =$ □

10 $9 \times 5 =$ □

11 $0 \times 4 =$ □

○ 계산해 보세요. [⑫~⑰]

⑫ 6 m 83 cm+5 m 59 cm
=

⑬ 8 m 75 cm+4 m 96 cm
=

⑭ 10 m 91 cm+7 m 34 cm
=

⑮ 5 m 16 cm−3 m 25 cm
=

⑯ 9 m 21 cm−6 m 43 cm
=

⑰ 10 m 4 cm−5 m 89 cm
=

○ □ 안에 알맞은 수를 써넣으세요. [⑱~㉕]

⑱ 5시간 21분=□분

⑲ 516분=□시간 □분

⑳ 4일 5시간=□시간

㉑ 122시간=□일 □시간

㉒ 4주일 3일=□일

㉓ 45일=□주일 □일

㉔ 3년 6개월=□개월

㉕ 59개월=□년 □개월

memo

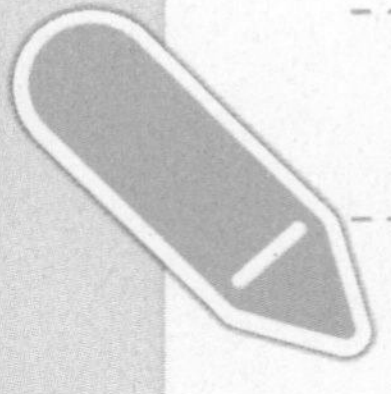

완자

공부력

정답

계산

×

초등 수학

2B

2학년

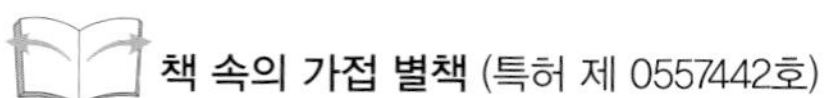

'정답'은 본책에서 쉽게 분리할 수 있도록 제작되었으므로
유통 과정에서 분리될 수 있으나 파본이 아닌 정상 제품입니다.

ABOVE IMAGINATION

우리는 남다른 상상과 혁신으로
교육 문화의 새로운 전형을 만들어
모든 이의 행복한 경험과 성장에 기여한다

시기별 공부 계획

학기 중에는 기본, 방학 중에는 기본 + 확장으로 공부 계획을 세워요!

방학 중			
학기 중			
기본			확장
독해	계산	어휘	어휘, 쓰기, 독해
국어 독해	수학 계산	전과목 어휘	전과목 한자 어휘
		파닉스(1~2학년) 영단어(3~6학년)	맞춤법 바로 쓰기(1~2학년) 한국사 독해(3~6학년)

예시 초1 학기 중 공부 계획표 주 5일 하루 3과목 (45분)

월	화	수	목	금
국어 독해	국어 독해	국어 독해	국어 독해	국어 독해
수학 계산	수학 계산	수학 계산	수학 계산	수학 계산
전과목 어휘	파닉스	전과목 어휘	전과목 어휘	파닉스

예시 초4 방학 중 공부 계획표 주 5일 하루 4과목 (60분)

월	화	수	목	금
국어 독해	국어 독해	국어 독해	국어 독해	국어 독해
수학 계산	수학 계산	수학 계산	수학 계산	수학 계산
전과목 어휘	영단어	전과목 어휘	전과목 어휘	영단어
한국사 독해 인물편	전과목 한자 어휘	한국사 독해 인물편	전과목 한자 어휘	한국사 독해 인물편

01 천, 몇천

10쪽

❶ 10, 1000
❷ 10, 1000

11쪽

❸ 3, 3000
❹ 5, 5000
❺ 8, 8000
❻ 9, 9000

12쪽

❼ 1000
❽ 2000
❾ 1000
❿ 4000
⓫ 1000
⓬ 1000
⓭ 1000
⓮ 6000
⓯ 8000
⓰ 1000
⓱ 9000
⓲ 5000

13쪽

⓳ 천
⓴ 육천
㉑ 삼천
㉒ 칠천
㉓ 사천
㉔ 팔천
㉕ 이천
㉖ 3000
㉗ 5000
㉘ 9000
㉙ 6000
㉚ 2000
㉛ 7000
㉜ 4000

02 네 자리 수

14쪽

❶ 1, 2, 5, 4 / 1254
❷ 3, 4, 2, 8 / 3428

15쪽

❸ 1634
❹ 2457
❺ 4309
❻ 5072

16쪽

❼ 천오백팔십사
❽ 이천칠십삼
❾ 삼천육백구십오
❿ 오천칠백팔
⓫ 칠천백사십육
⓬ 팔천사백이십
⓭ 구천삼백오십일
⓮ 2615
⓯ 3900
⓰ 4186
⓱ 6007
⓲ 7429
⓳ 8273
⓴ 9034

17쪽

㉑ 1483
㉒ 2801
㉓ 3692
㉔ 4579
㉕ 5362
㉖ 7480
㉗ 8014
㉘ 9206

03 네 자리 수의 자릿값

18쪽

❶ 1000, 700, 30, 8 / 1000, 700, 30, 8
❷ 3000, 200, 60, 5 / 3000, 200, 60, 5

19쪽

❸ 2, 6, 4, 9
❹ 4, 0, 6, 3
❺ 5, 8, 1, 7
❻ 7, 3, 0, 5
❼ 9, 4, 2, 1

20쪽

❽ 2, 0, 7, 4 / 2000, 0, 70, 4
❾ 4, 6, 1, 8 / 4000, 600, 10, 8
❿ 6, 3, 0, 9 / 6000, 300, 0, 9
⓫ 9, 5, 4, 3 / 9000, 500, 40, 3

21쪽

⓬ 20
⓭ 3
⓮ 800
⓯ 4000
⓰ 1
⓱ 5000
⓲ 9
⓳ 7000
⓴ 600
㉑ 70
㉒ 8000
㉓ 30

04 계산 Plus+ 네 자리 수

22쪽

❶ 2834
❷ 5162
❸ 7359
❹ 8406
❺ 4, 7, 1, 8
❻ 6, 2, 7, 5
❼ 9, 0, 8, 3

23쪽

❽ 600
❾ 2000
❿ 30
⓫ 5
⓬ 4000
⓭ 10
⓮ 5000
⓯ 90
⓰ 800
⓱ 7
⓲ 8000
⓳ 3

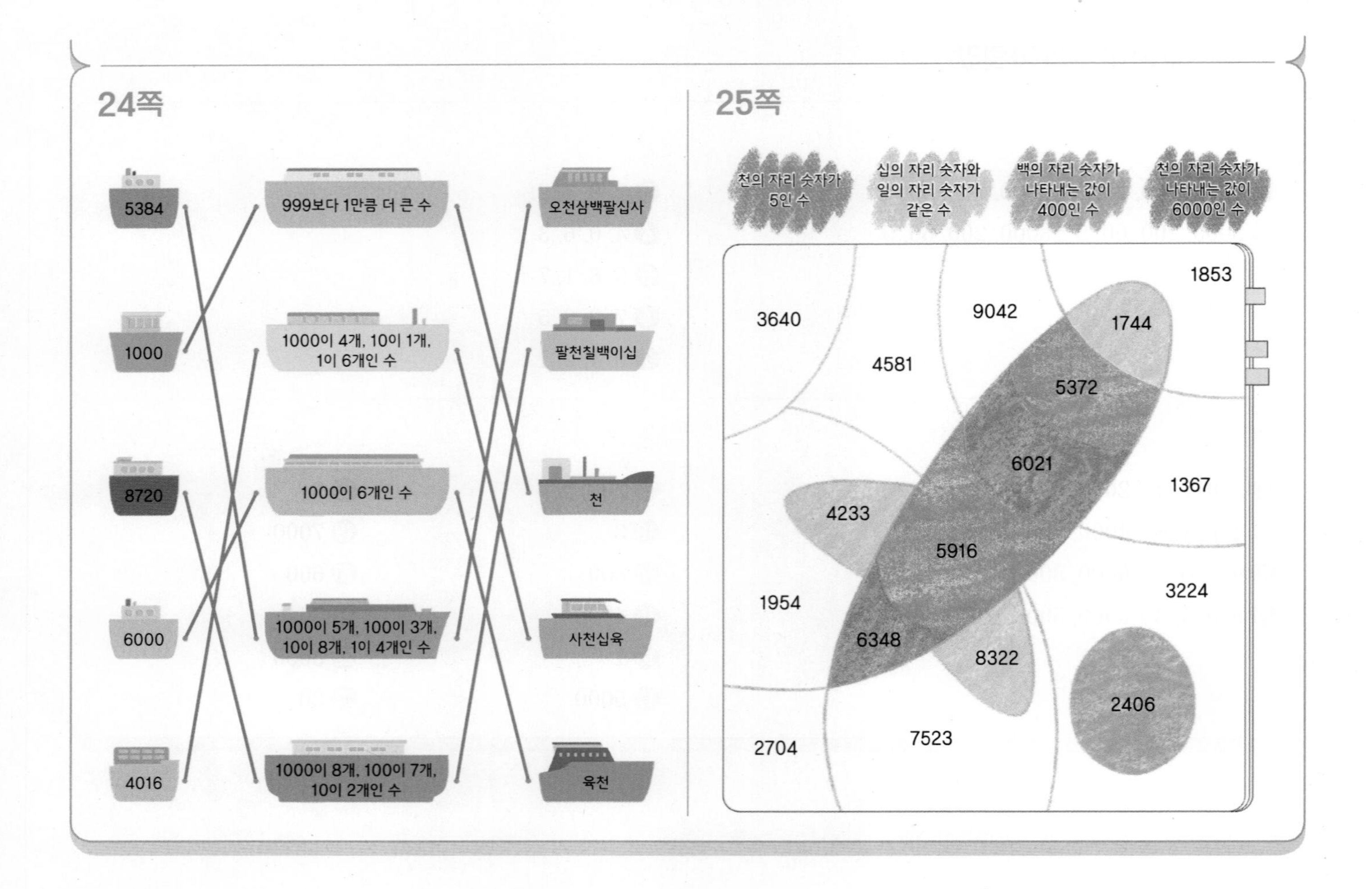

05 뛰어 세기

26쪽

❶ 5300, 6300

❷ 5672, 7672, 8672

❸ 6810, 7810, 9810

27쪽

❹ 2600, 2700

❺ 5793, 5893, 5993

❻ 3665, 3685, 3695

❼ 6184, 6204, 6214, 6224

❽ 7541, 7542, 7544

❾ 8729, 8730, 8731, 8733

28쪽

⑩ 1000
⑪ 10
⑫ 100
⑬ 1000
⑭ 1
⑮ 100
⑯ 1
⑰ 100
⑱ 10
⑲ 5

29쪽

⑳ 2543, 2643, 2843
㉑ 4084, 6084, 7084
㉒ 6765, 6775, 6805
㉓ 7948, 7950, 7951
㉔ 5372, 8372, 9372
㉕ 5692, 5702, 5722
㉖ 4655, 4660, 4675

06 두 수의 크기 비교

30쪽

❶ 3, 2, 5, 9 / <
❷ 5, 7, 2, 8 / 5, 4, 6, 2 / >

31쪽

❸ 3, 6, 5, 4 / 3, 9, 2, 1 / <
❹ 6, 1, 7, 5 / 6, 1, 8, 3 / <
❺ 8, 3, 1, 2 / 8, 3, 0, 9 / >
❻ 7, 8, 2, 4 / 7, 8, 2, 6 / <

32쪽

❼ 9000
❽ 3809
❾ 4687
❿ 9462
⓫ 5941
⓬ 8001
⓭ 7030
⓮ 3500
⓯ 6524
⓰ 9708
⓱ 4600
⓲ 8007
⓳ 7285
⓴ 5826

33쪽

㉑ <
㉒ >
㉓ <
㉔ >
㉕ <
㉖ >
㉗ >
㉘ >
㉙ <
㉚ >
㉛ <
㉜ <
㉝ >
㉞ <
㉟ >
㊱ <
㊲ <
㊳ >
㊴ >
㊵ <
㊶ <

07 세 수의 크기 비교

34쪽

❶ 4, 2, 1, 5 / 3, 6, 8, 9 / 4215
❷ 5, 6, 2, 4 / 6, 2, 0, 7 / 6, 0, 4, 8 / 6207

35쪽

❸ 6, 4, 7, 3 / 3, 8, 5, 4 / 4, 2, 9, 7 / 3854
❹ 7, 6, 2, 5 / 8, 2, 0, 4 / 7, 4, 8, 3 / 7483
❺ 5, 4, 8, 0 / 5, 4, 6, 3 / 5, 4, 6, 7 / 5463

36쪽

⑥ 6000
⑦ 5624
⑧ 2856
⑨ 3501
⑩ 7000
⑪ 6472
⑫ 7428
⑬ 5035
⑭ 3743
⑮ 7430
⑯ 4927
⑰ 5248
⑱ 7025
⑲ 9169

37쪽

⑳ 3000
㉑ 5490
㉒ 2355
㉓ 6342
㉔ 4532
㉕ 5900
㉖ 7837
㉗ 4982
㉘ 4063
㉙ 7956
㉚ 3290
㉛ 5361
㉜ 6534
㉝ 8627

08 계산 Plus+ 뛰어 세기, 수의 크기 비교

38쪽

① 3450, 2450, 1450
② 3765, 3565, 3365
③ 7340, 7310, 7300
④ 8459, 8458, 8457
⑤ 6882, 6782, 6582
⑥ 4275, 4270, 4265, 4260

39쪽

⑦ 7000에 ○표, 2000에 △표
⑧ 8367에 ○표, 3924에 △표
⑨ 4360에 ○표, 3650에 △표
⑩ 5602에 ○표, 5340에 △표
⑪ 2651에 ○표, 2348에 △표
⑫ 3008에 ○표, 2516에 △표
⑬ 7827에 ○표, 7654에 △표
⑭ 9285에 ○표, 9268에 △표

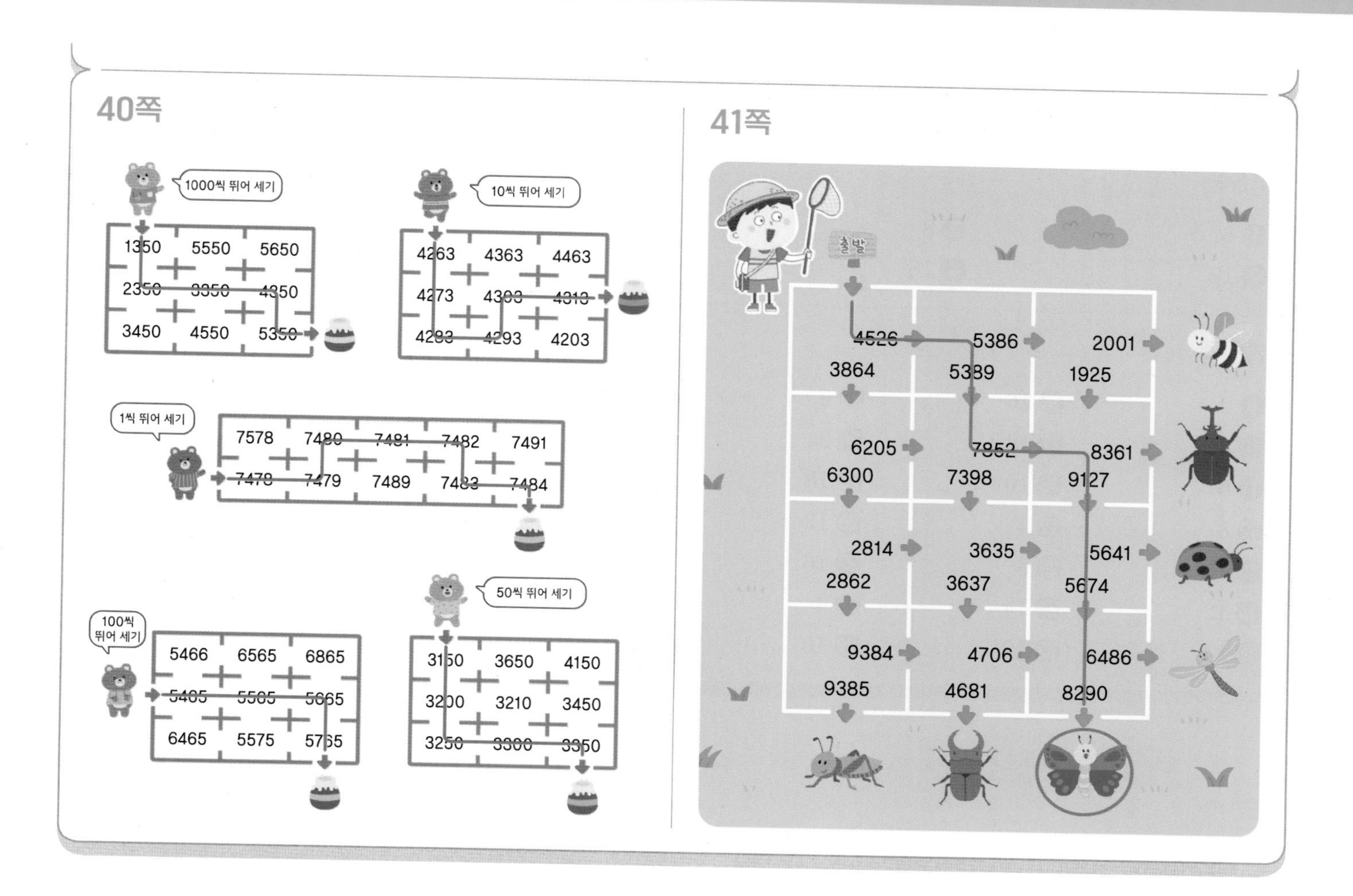

09 네 자리 수 평가

42쪽

❶ 1000
❷ 7000
❸ 사천팔백삼십이
❹ 칠천오백구
❺ 3769
❻ 5086
❼ 2694
❽ 6078
❾ 3, 5, 6, 8
❿ 9, 6, 2, 0

43쪽

⓫ 400
⓬ 8000
⓭ 5526, 7526, 8526
⓮ 5794, 5804, 5834
⓯ 7052, 7152, 7352
⓰ <
⓱ >
⓲ <
⓳ 5407에 ○표, 2843에 △표
⓴ 6765에 ○표, 6754에 △표

10 2단 곱셈구구

46쪽

❶ 6
❷ 12
❸ 8
❹ 16

47쪽

❺ 2, 6, 10, 12, 16
❻ 4, 6, 8, 10, 14, 18
❼ 1, 3, 6, 8, 9
❽ 2, 4, 5, 7, 8, 9

48쪽

❾ 2
❿ 4
⓫ 6
⓬ 8
⓭ 10
⓮ 12
⓯ 14
⓰ 16
⓱ 18
⓲ 10
⓳ 4
⓴ 8
㉑ 14
㉒ 12
㉓ 6
㉔ 2
㉕ 18
㉖ 12
㉗ 16
㉘ 4
㉙ 10

49쪽

㉚ 8
㉛ 14
㉜ 4
㉝ 18
㉞ 6
㉟ 16
㊱ 12
㊲ 2
㊳ 9
㊴ 8
㊵ 6
㊶ 5
㊷ 4
㊸ 7
㊹ 3
㊺ 1
㊻ 7
㊼ 5
㊽ 8
㊾ 9
㊿ 4

11 5단 곱셈구구

50쪽

❶ 10
❷ 25
❸ 15
❹ 35

51쪽

❺ 10, 20, 30, 35, 45
❻ 5, 15, 25, 35, 40, 45
❼ 1, 3, 5, 7, 8
❽ 1, 2, 4, 6, 8, 9

52쪽

❾ 5
❿ 10
⓫ 15
⓬ 20
⓭ 25
⓮ 30
⓯ 35
⓰ 40
⓱ 45
⓲ 25
⓳ 15
⓴ 5
㉑ 30
㉒ 45
㉓ 10
㉔ 20
㉕ 40
㉖ 35
㉗ 45
㉘ 5
㉙ 25

53쪽

㉚ 15
㉛ 35
㉜ 20
㉝ 10
㉞ 25
㉟ 40
㊱ 30
㊲ 1
㊳ 9
㊴ 6
㊵ 5
㊶ 7
㊷ 3
㊸ 4
㊹ 8
㊺ 2
㊻ 9
㊼ 3
㊽ 4
㊾ 6
㊿ 7

12 계산 Plus+ 2단, 5단 곱셈구구

54쪽

❶ 6
❷ 10
❸ 12
❹ 18
❺ 20
❻ 30
❼ 35
❽ 40

55쪽

❾ 8
❿ 14
⓫ 16
⓬ 15
⓭ 25
⓮ 45

56쪽

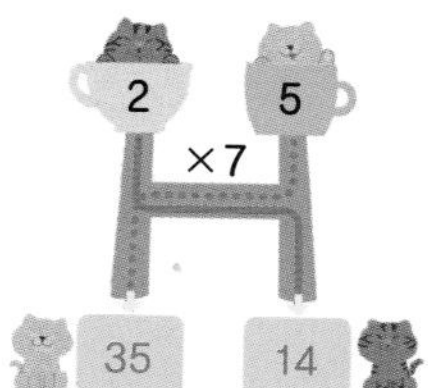

57쪽

2×8　5×5　2×3　5×7

16　8　35　25　40　6

13 3단 곱셈구구

58쪽

❶ 6
❷ 15
❸ 12
❹ 21

59쪽

❺ 3, 9, 15, 21, 24
❻ 3, 6, 12, 18, 24, 27
❼ 1, 3, 6, 8, 9
❽ 2, 4, 5, 7, 8, 9

60쪽

⑨ 3
⑩ 6
⑪ 9
⑫ 12
⑬ 15
⑭ 18
⑮ 21
⑯ 24
⑰ 27
⑱ 15
⑲ 3
⑳ 12
㉑ 6
㉒ 24
㉓ 9
㉔ 21
㉕ 27
㉖ 18
㉗ 24
㉘ 15
㉙ 12

61쪽

㉚ 6
㉛ 24
㉜ 18
㉝ 9
㉞ 3
㉟ 21
㊱ 27
㊲ 3
㊳ 5
㊴ 1
㊵ 4
㊶ 2
㊷ 9
㊸ 8
㊹ 6
㊺ 7
㊻ 2
㊼ 5
㊽ 8
㊾ 1
㊿ 4

14 6단 곱셈구구

62쪽

❶ 12
❷ 36
❸ 24
❹ 54

63쪽

❺ 12, 24, 36, 42, 54
❻ 6, 18, 30, 42, 48, 54
❼ 1, 3, 5, 7, 9
❽ 1, 2, 4, 6, 8, 9

64쪽

⑨ 6
⑩ 12
⑪ 18
⑫ 24
⑬ 30
⑭ 36
⑮ 42
⑯ 48
⑰ 54
⑱ 30
⑲ 42
⑳ 24
㉑ 12
㉒ 18
㉓ 36
㉔ 6
㉕ 48
㉖ 54
㉗ 42
㉘ 24
㉙ 30

65쪽

㉚ 6
㉛ 54
㉜ 36
㉝ 12
㉞ 18
㉟ 30
㊱ 48
㊲ 2
㊳ 6
㊴ 9
㊵ 5
㊶ 3
㊷ 4
㊸ 7
㊹ 8
㊺ 1
㊻ 7
㊼ 9
㊽ 5
㊾ 6
㊿ 3

15 계산 Plus+ 3단, 6단 곱셈구구

66쪽

❶ 12
❷ 15
❸ 21
❹ 24
❺ 18
❻ 24
❼ 36
❽ 42

67쪽

❾ 3
❿ 6
⓫ 9
⓬ 18
⓭ 27
⓮ 6
⓯ 12
⓰ 30
⓱ 48
⓲ 54

68쪽

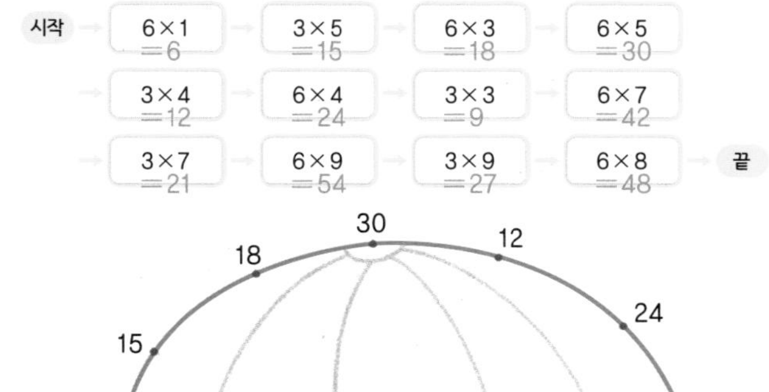

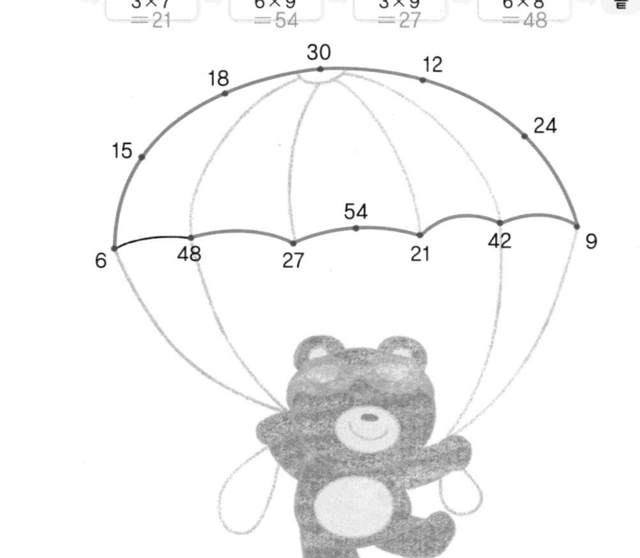

69쪽

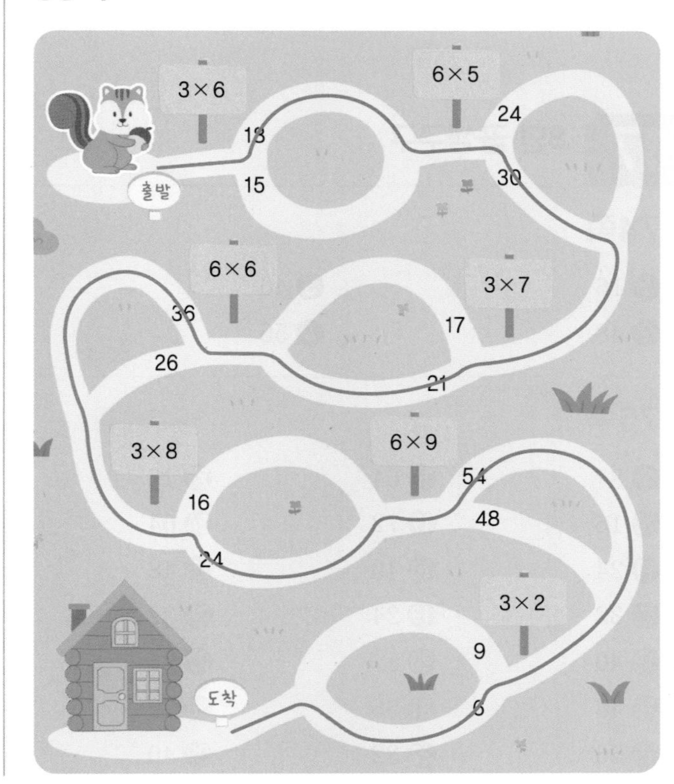

16 4단 곱셈구구

70쪽

❶ 12
❷ 20
❸ 16
❹ 32

71쪽

❺ 4, 12, 16, 24, 32
❻ 8, 12, 20, 28, 32, 36
❼ 1, 3, 6, 7, 9
❽ 2, 4, 5, 6, 8, 9

72쪽

⑨ 4	⑯ 32	㉓ 28
⑩ 8	⑰ 36	㉔ 12
⑪ 12	⑱ 20	㉕ 24
⑫ 16	⑲ 8	㉖ 36
⑬ 20	⑳ 4	㉗ 8
⑭ 24	㉑ 16	㉘ 20
⑮ 28	㉒ 32	㉙ 4

73쪽

㉚ 24	㊲ 2	㊹ 1
㉛ 16	㊳ 6	㊺ 8
㉜ 28	㊴ 3	㊻ 5
㉝ 12	㊵ 4	㊼ 7
㉞ 36	㊶ 5	㊽ 3
㉟ 32	㊷ 9	㊾ 4
㊱ 20	㊸ 7	㊿ 6

17 8단 곱셈구구

74쪽

❶ 16	❸ 40
❷ 48	❹ 56

75쪽

❺ 16, 32, 48, 56, 72	❼ 1, 3, 5, 7, 8
❻ 8, 24, 40, 56, 64, 72	❽ 2, 3, 4, 6, 8, 9

76쪽

⑨ 8	⑯ 64	㉓ 16
⑩ 16	⑰ 72	㉔ 64
⑪ 24	⑱ 40	㉕ 48
⑫ 32	⑲ 24	㉖ 32
⑬ 40	⑳ 8	㉗ 24
⑭ 48	㉑ 56	㉘ 72
⑮ 56	㉒ 32	㉙ 40

77쪽

㉚ 8	㊲ 2	㊹ 7
㉛ 56	㊳ 4	㊺ 3
㉜ 72	㊴ 1	㊻ 9
㉝ 16	㊵ 5	㊼ 6
㉞ 32	㊶ 9	㊽ 2
㉟ 64	㊷ 6	㊾ 7
㊱ 48	㊸ 8	㊿ 5

18 계산 Plus+ 4단, 8단 곱셈구구

78쪽

❶ 8	❺ 24
❷ 16	❻ 40
❸ 24	❼ 56
❹ 36	❽ 64

79쪽

❾ 12	⓬ 16
❿ 20	⓭ 48
⓫ 32	⓮ 72

80쪽

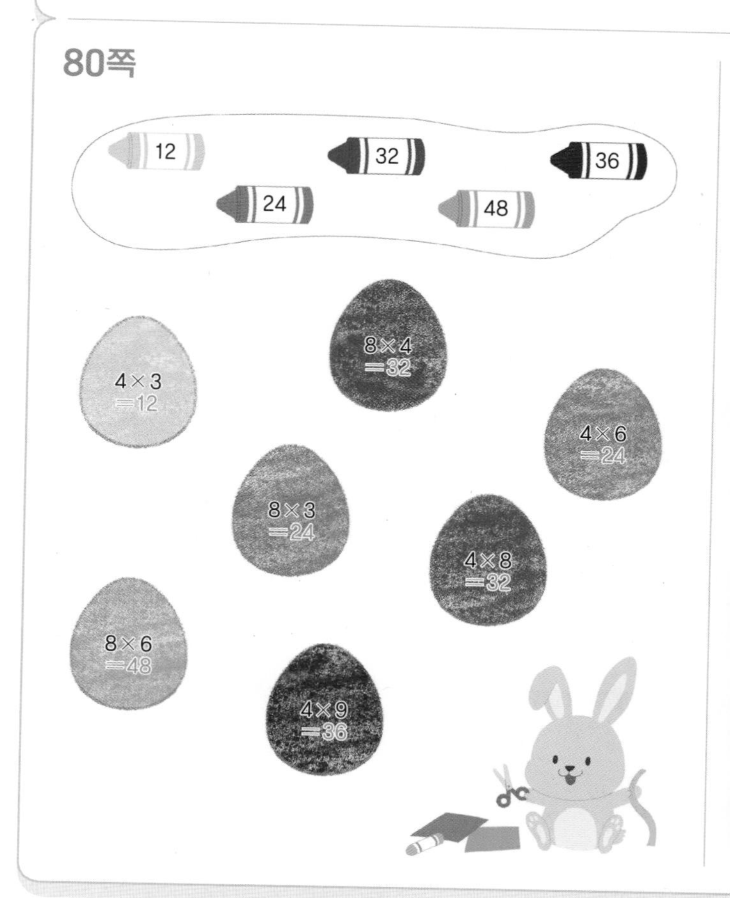

81쪽

19 7단 곱셈구구

82쪽

❶ 21
❷ 42
❸ 28
❹ 49

83쪽

❺ 7, 21, 35, 49, 56
❻ 14, 21, 28, 42, 56, 63
❼ 1, 3, 6, 8, 9
❽ 2, 4, 5, 7, 8, 9

84쪽

❾ 7
❿ 14
⓫ 21
⓬ 28
⓭ 35
⓮ 42
⓯ 49
⓰ 56
⓱ 63
⓲ 28
⓳ 35
⓴ 21
㉑ 49
㉒ 7
㉓ 14
㉔ 42
㉕ 63
㉖ 56
㉗ 28
㉘ 7
㉙ 21

85쪽

㉚ 14
㉛ 56
㉜ 21
㉝ 42
㉞ 49
㉟ 63
㊱ 35
㊲ 3
㊳ 1
㊴ 5
㊵ 6
㊶ 2
㊷ 7
㊸ 8
㊹ 6
㊺ 5
㊻ 7
㊼ 3
㊽ 8
㊾ 4
㊿ 9

20 9단 곱셈구구

86쪽

① 18
② 45
③ 36
④ 81

87쪽

⑤ 18, 36, 54, 63, 81
⑥ 9, 27, 45, 63, 72, 81
⑦ 1, 3, 5, 7, 9
⑧ 1, 2, 4, 6, 8, 9

88쪽

⑨ 9
⑩ 18
⑪ 27
⑫ 36
⑬ 45
⑭ 54
⑮ 63
⑯ 72
⑰ 81
⑱ 45
⑲ 54
⑳ 18
㉑ 9
㉒ 36
㉓ 63
㉔ 27
㉕ 72
㉖ 81
㉗ 45
㉘ 18
㉙ 54

89쪽

㉚ 36
㉛ 9
㉜ 63
㉝ 18
㉞ 72
㉟ 27
㊱ 81
㊲ 1
㊳ 8
㊴ 9
㊵ 7
㊶ 6
㊷ 4
㊸ 5
㊹ 2
㊺ 3
㊻ 5
㊼ 7
㊽ 9
㊾ 6
㊿ 8

21 계산 Plus+ 7단, 9단 곱셈구구

90쪽

① 21
② 35
③ 49
④ 56
⑤ 18
⑥ 36
⑦ 45
⑧ 54

91쪽

⑨ 7
⑩ 14
⑪ 28
⑫ 42
⑬ 63
⑭ 9
⑮ 27
⑯ 63
⑰ 72
⑱ 81

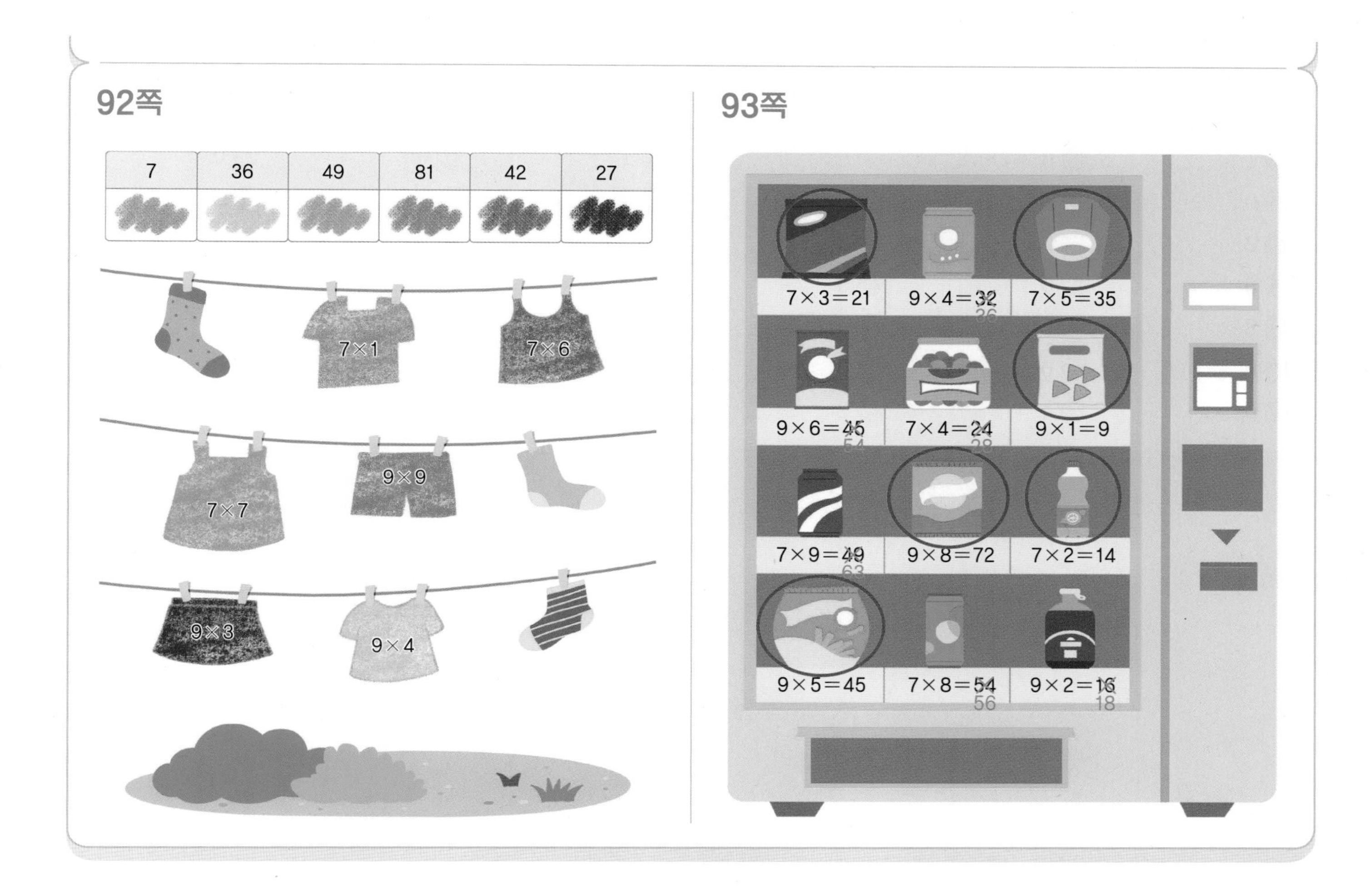

22 1단 곱셈구구 / 0의 곱

94쪽

❶ 2
❷ 5
❸ 0
❹ 0

95쪽

❺ 1, 3, 4, 6, 8
❻ 2, 4, 5, 7, 9
❼ 0, 0, 0, 0, 0
❽ 0, 0, 0, 0, 0

96쪽

⑨ 1
⑩ 0
⑪ 2
⑫ 0
⑬ 8
⑭ 0
⑮ 0
⑯ 0
⑰ 9
⑱ 0
⑲ 0
⑳ 5
㉑ 0
㉒ 4
㉓ 6
㉔ 0
㉕ 3
㉖ 0
㉗ 7
㉘ 0
㉙ 2

97쪽

㉚ 1
㉛ 0
㉜ 2
㉝ 0
㉞ 0
㉟ 1
㊱ 0
㊲ 0
㊳ 1
㊴ 0
㊵ 4
㊶ 0
㊷ 1
㊸ 6
㊹ 0
㊺ 1
㊻ 0
㊼ 7
㊽ 1
㊾ 0
㊿ 8

23 곱셈표

98쪽

❶ 2, 4, 6, 8, 10
❷ 6, 9, 12, 15, 18
❸ 15, 20, 25, 30, 35
❹ 24, 30, 36, 42, 48

99쪽

❺

×	1	2	3	4
1	1	2	3	4
2	2	4	6	8
3	3	6	9	12
4	4	8	12	16

❻

×	4	5	6	7
2	8	10	12	14
3	12	15	18	21
4	16	20	24	28
5	20	25	30	35

❼

×	5	6	7	8
3	15	18	21	24
4	20	24	28	32
5	25	30	35	40
6	30	36	42	48

❽

×	2	3	4	5
4	8	12	16	20
5	10	15	20	25
6	12	18	24	30
7	14	21	28	35

❾

×	3	4	5	6
5	15	20	25	30
6	18	24	30	36
7	21	28	35	42
8	24	32	40	48

❿

×	6	7	8	9
6	36	42	48	54
7	42	49	56	63
8	48	56	64	72
9	54	63	72	81

100쪽

⑪ 1, 3, 5, 7, 9
⑫ 4, 8, 12, 14, 16
⑬ 6, 9, 15, 21, 24
⑭ 8, 12, 20, 24, 28
⑮ 15, 25, 35, 40, 45
⑯ 12, 24, 30, 42, 48
⑰ 7, 21, 49, 56, 63
⑱ 0, 0, 0, 0, 0
⑲ 16, 24, 40, 56, 72
⑳ 27, 36, 54, 63, 81

101쪽

㉑

×	2	5	7	9
1	2	5	7	9
3	6	15	21	27
4	8	20	28	36
6	12	30	42	54

㉒

×	1	3	5	7
2	2	6	10	14
4	4	12	20	28
6	6	18	30	42
8	8	24	40	56

㉓

×	2	4	5	7
3	6	12	15	21
5	10	20	25	35
7	14	28	35	49
8	16	32	40	56

㉔

×	3	5	7	8
4	12	20	28	32
6	18	30	42	48
8	24	40	56	64
9	27	45	63	72

㉕

×	2	3	6	7
5	10	15	30	35
6	12	18	36	42
7	14	21	42	49
8	16	24	48	56

㉖

×	3	6	8	9
5	15	30	40	45
7	21	42	56	63
8	24	48	64	72
9	27	54	72	81

24 계산 Plus+ 1단 곱셈구구 / 0의 곱

102쪽

❶ 2
❷ 4
❸ 6
❹ 9
❺ 0
❻ 0
❼ 0
❽ 0

103쪽

❾ 3
❿ 5
⓫ 8
⓬ 0
⓭ 0
⓮ 0

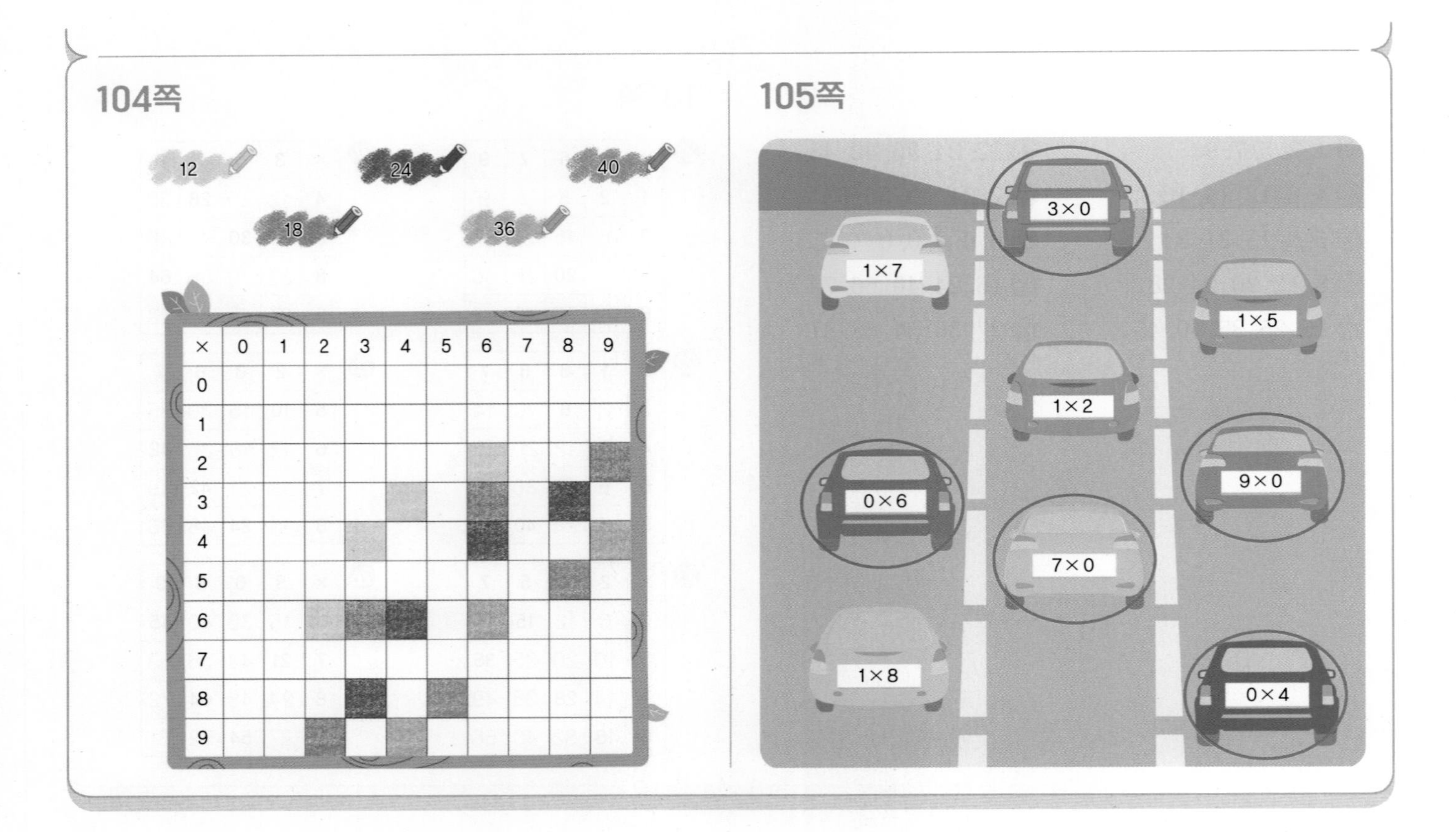

25 곱셈구구 평가

106쪽

❶ 10
❷ 15
❸ 21
❹ 54
❺ 8
❻ 32
❼ 56
❽ 35
❾ 72
❿ 6
⓫ 0
⓬ 0

107쪽

⓭

×	2	3	4
1	2	3	4
2	4	6	8
3	6	9	12

⓮

×	6	7	8
4	24	28	32
5	30	35	40
7	42	49	56

⓯

×	2	6	7
3	6	18	21
6	12	36	42
9	18	54	63

⓰

×	3	5	9
4	12	20	36
6	18	30	54
8	24	40	72

⓱ 45
⓲ 24
⓳ 5
⓴ 21

132쪽

⑰ 2 m 60 cm
⑱ 2 m 60 cm
⑲ 1 m 85 cm
⑳ 2 m 43 cm
㉑ 1 m 84 cm
㉒ 4 m 46 cm
㉓ 3 m 89 cm
㉔ 2 m 78 cm
㉕ 1 m 75 cm
㉖ 1 m 74 cm

133쪽

㉗ 1 m 50 cm
㉘ 1 m 60 cm
㉙ 1 m 55 cm
㉚ 4 m 58 cm
㉛ 1 m 84 cm
㉜ 4 m 82 cm
㉝ 1 m 66 cm
㉞ 4 m 52 cm
㉟ 1 m 91 cm
㊱ 3 m 54 cm
㊲ 2 m 62 cm
㊳ 1 m 89 cm

32 계산 Plus+ 길이의 차

134쪽

① 2 m 40 cm
② 3 m 22 cm
③ 3 m 60 cm
④ 4 m 42 cm
⑤ 2 m 87 cm
⑥ 3 m 62 cm

135쪽

⑦ 1 m 30 cm
⑧ 2 m 56 cm
⑨ 2 m 79 cm
⑩ 4 m 55 cm
⑪ 3 m 64 cm
⑫ 2 m 77 cm

136쪽

137쪽

33 길이의 합과 차 평가

138쪽

❶ 2
❷ 4, 72
❸ 8, 9
❹ 700
❺ 546
❻ 1108
❼ 9 m 60 cm
❽ 12 m 34 cm
❾ 7 m 43 cm
❿ 3 m 41 cm

139쪽

⓫ 5 m 79 cm
⓬ 7 m 70 cm
⓭ 12 m 13 cm
⓮ 3 m 38 cm
⓯ 2 m 79 cm
⓰ 5 m 71 cm
⓱ 9 m 87 cm
⓲ 12 m 17 cm
⓳ 3 m 23 cm
⓴ 5 m 64 cm

34 시간과 분의 관계

142쪽

❶ 1
❷ 2
❸ 3
❹ 5
❺ 7
❻ 8

143쪽

❼ 1, 10
❽ 1, 30
❾ 1, 50
❿ 2, 30
⓫ 2, 55
⓬ 3, 12
⓭ 3, 20
⓮ 3, 55
⓯ 4, 28
⓰ 5, 17
⓱ 5, 45
⓲ 6, 14
⓳ 6, 46
⓴ 6, 59

144쪽

㉑ 120
㉒ 180
㉓ 240
㉔ 300
㉕ 360
㉖ 420
㉗ 480
㉘ 540
㉙ 660
㉚ 720
㉛ 780
㉜ 840
㉝ 900
㉞ 960

145쪽

㉟ 65
㊱ 96
㊲ 109
㊳ 134
㊴ 177
㊵ 205
㊶ 226
㊷ 258
㊸ 297
㊹ 343
㊺ 369
㊻ 414
㊼ 447
㊽ 513

35 하루의 시간

146쪽

❶ 24
❷ 48
❸ 72
❹ 120
❺ 144
❻ 168

147쪽

❼ 27
❽ 40
❾ 43
❿ 54
⓫ 65
⓬ 74
⓭ 81
⓮ 86
⓯ 103
⓰ 117
⓱ 124
⓲ 133
⓳ 152
⓴ 166

148쪽

㉑ 1
㉒ 2
㉓ 4
㉔ 5
㉕ 6
㉖ 8
㉗ 9
㉘ 10
㉙ 12
㉚ 13
㉛ 15
㉜ 16
㉝ 18
㉞ 20

149쪽

㉟ 1, 2
㊱ 1, 7
㊲ 1, 15
㊳ 1, 18
㊴ 2, 5
㊵ 2, 9
㊶ 2, 16
㊷ 2, 22
㊸ 3, 6
㊹ 3, 20
㊺ 4, 3
㊻ 4, 9
㊼ 5, 6
㊽ 5, 17

36 계산 Plus+ 분, 시간, 날 사이의 관계

150쪽

❶ 60
❷ 136
❸ 225
❹ 240
❺ 276
❻ 48
❼ 77
❽ 96
❾ 128
❿ 146

151쪽

⓫ 1시간 30분
⓬ 3시간 45분
⓭ 4시간 28분
⓮ 5시간 41분
⓯ 2일
⓰ 4일 2시간
⓱ 6일 12시간
⓲ 6일 15시간

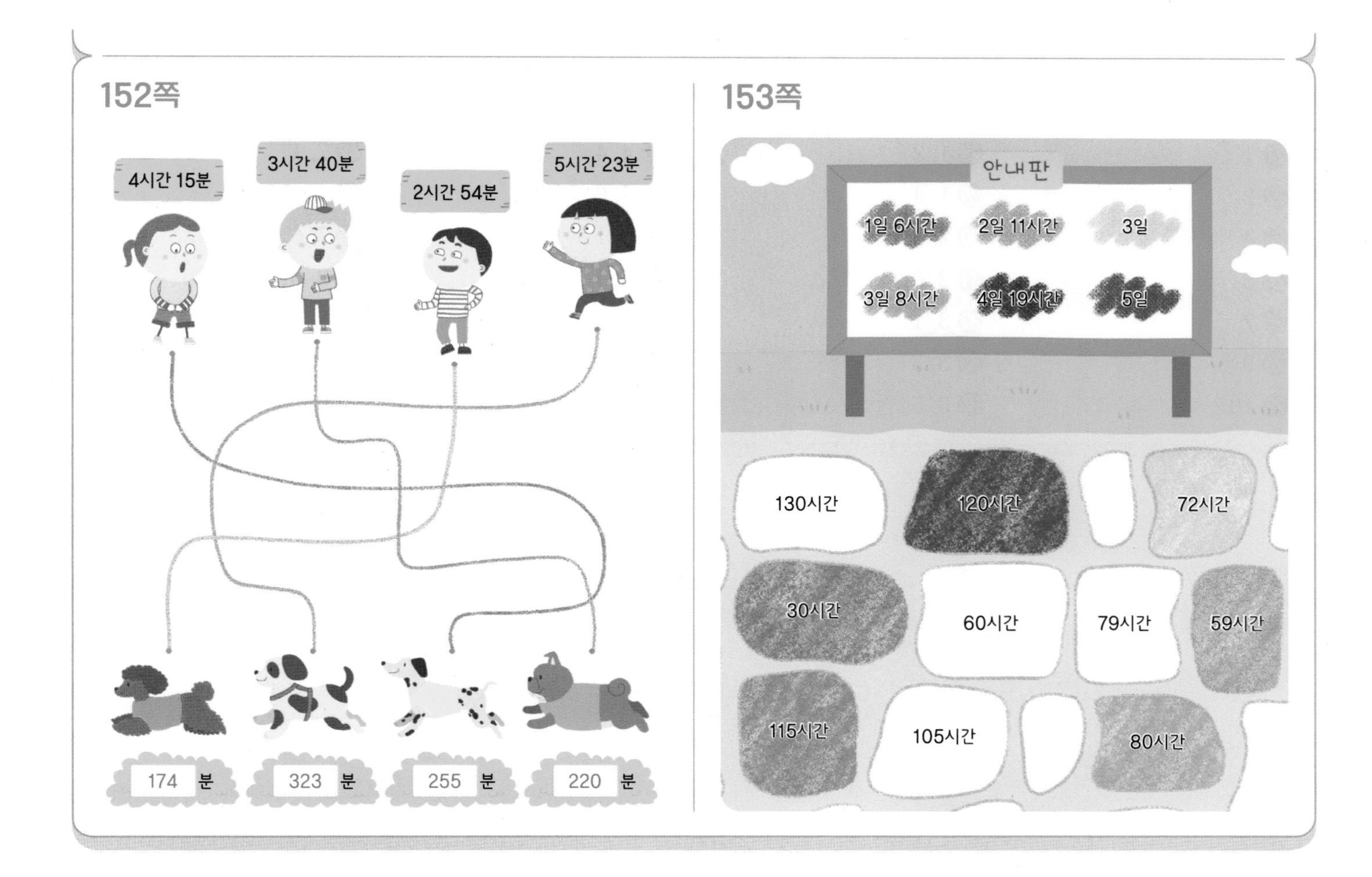

37 일주일 알아보기

154쪽

❶ 7
❷ 21
❸ 28
❹ 42
❺ 49
❻ 56

155쪽

❼ 10
❽ 13
❾ 15
❿ 18
⓫ 23
⓬ 27
⓭ 29
⓮ 33
⓯ 38
⓰ 48
⓱ 54
⓲ 58
⓳ 62
⓴ 67

156쪽

㉑ 1
㉒ 2
㉓ 4
㉔ 5
㉕ 7
㉖ 9
㉗ 10
㉘ 1, 2
㉙ 1, 4
㉚ 2, 3
㉛ 2, 6
㉜ 3, 1
㉝ 3, 3
㉞ 3, 5

157쪽

㉟ 4, 4
㊱ 4, 6
㊲ 5, 1
㊳ 5, 4
㊴ 5, 6
㊵ 6, 2
㊶ 6, 4
㊷ 7, 1
㊸ 7, 4
㊹ 7, 6
㊺ 8, 3
㊻ 8, 5
㊼ 9, 2
㊽ 9, 6

38 일 년 알아보기

158쪽

❶ 12
❷ 24
❸ 36
❹ 72
❺ 84
❻ 96

159쪽

❼ 15
❽ 21
❾ 30
❿ 34
⓫ 41
⓬ 44
⓭ 51
⓮ 55
⓯ 62
⓰ 67
⓱ 76
⓲ 81
⓳ 91
⓴ 95

160쪽

㉑ 1
㉒ 3
㉓ 4
㉔ 5
㉕ 7
㉖ 8
㉗ 10
㉘ 1, 1
㉙ 1, 4
㉚ 1, 8
㉛ 2, 1
㉜ 2, 3
㉝ 2, 9
㉞ 2, 11

161쪽

㉟ 3, 2
㊱ 3, 4
㊲ 3, 7
㊳ 3, 10
㊴ 4, 1
㊵ 4, 4
㊶ 4, 9
㊷ 5, 3
㊸ 5, 8
㊹ 6, 2
㊺ 6, 7
㊻ 6, 10
㊼ 7, 5
㊽ 7, 9

39 계산 Plus+ 일주일, 일 년 알아보기

162쪽

❶ 12
❷ 16
❸ 25
❹ 31
❺ 40
❻ 19
❼ 28
❽ 42
❾ 56
❿ 83

163쪽

⓫ 3주일 4일
⓬ 4주일 5일
⓭ 7주일
⓮ 7주일 5일
⓯ 1년 4개월
⓰ 1년 9개월
⓱ 4년
⓲ 3년 4개월

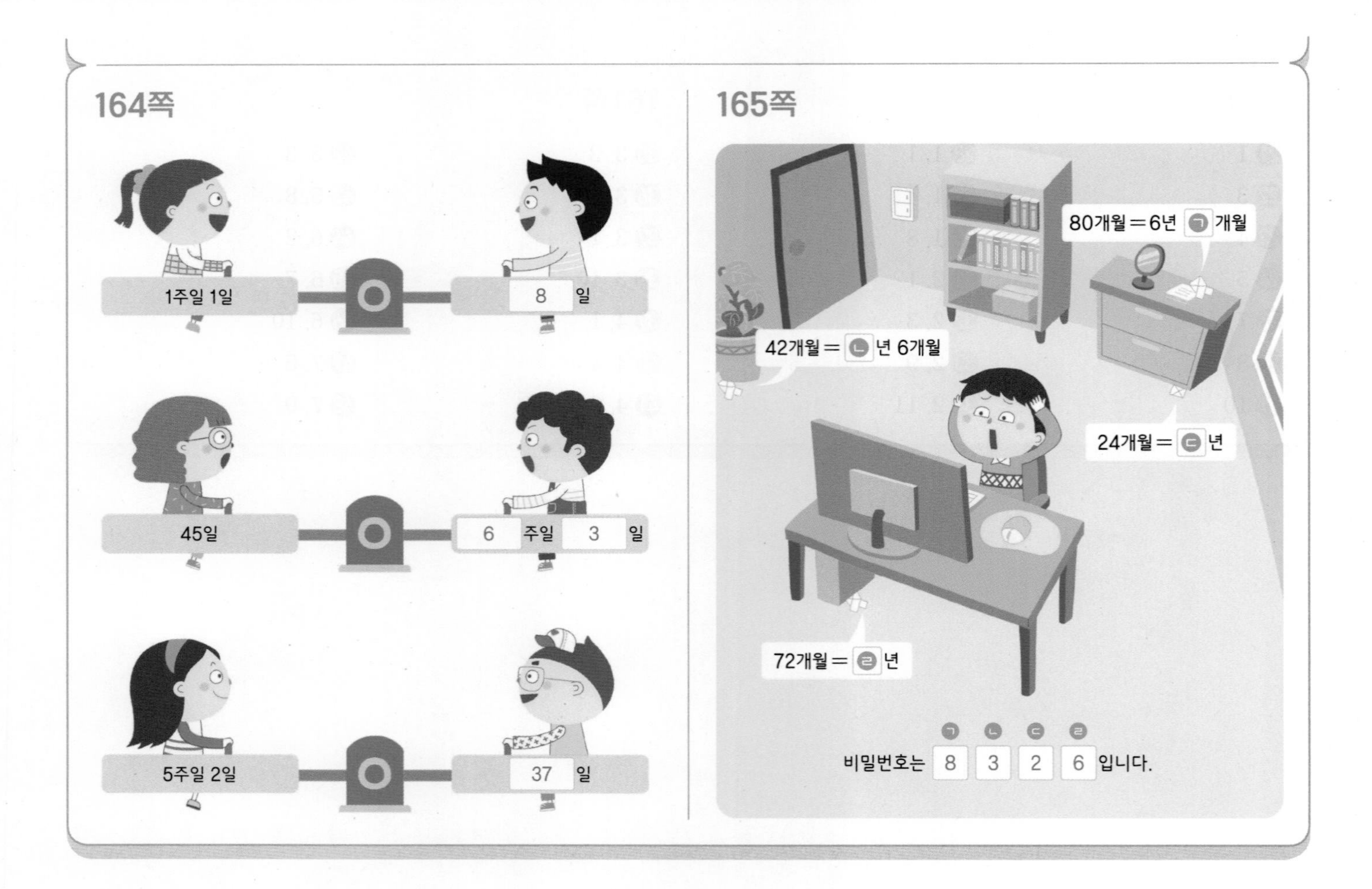

40 시간 단위의 계산 평가

166쪽

❶ 3, 5
❷ 4, 44
❸ 94
❹ 195
❺ 55
❻ 82
❼ 1, 10
❽ 2, 8
❾ 9
❿ 26

167쪽

⓫ 2, 4
⓬ 4, 5
⓭ 17
⓮ 45
⓯ 1, 6
⓰ 2, 7
⓱ 2시간 45분
⓲ 4일 1시간
⓳ 3주일 5일
⓴ 5년 8개월

실력 평가 1회

170쪽

1. 1000
2. 4000
3. 4, 9, 5, 0
4. 100
5. <
6. 6
7. 20
8. 24
9. 36
10. 42
11. 5

171쪽

12. 3 m 52 cm
13. 6 m 43 cm
14. 8 m 27 cm
15. 1 m 39 cm
16. 2 m 81 cm
17. 3 m 46 cm
18. 72
19. 3, 13
20. 56
21. 3, 12
22. 17
23. 4, 4
24. 22
25. 1, 7

실력 평가 2회

172쪽

1. 육천사백팔십삼
2. 700
3. 50
4. 2685, 5685, 7685
5. 5948
6. 10
7. 9
8. 12
9. 56
10. 63
11. 0

173쪽

12. 5 m 65 cm
13. 9 m 13 cm
14. 10 m 24 cm
15. 3 m 21 cm
16. 1 m 69 cm
17. 4 m 65 cm
18. 225
19. 6, 49
20. 76
21. 4, 10
22. 23
23. 5, 2
24. 29
25. 3, 4

실력 평가 3회

174쪽

❶ 7536
❷ 8000
❸ 9431, 9441, 9451
❹ >
❺ 5919
❻ 30
❼ 18
❽ 32
❾ 72
❿ 45
⓫ 0

175쪽

⓬ 12 m 42 cm
⓭ 13 m 71 cm
⓮ 18 m 25 cm
⓯ 1 m 91 cm
⓰ 2 m 78 cm
⓱ 4 m 15 cm
⓲ 321
⓳ 8, 36
⓴ 101
㉑ 5, 2
㉒ 31
㉓ 6, 3
㉔ 42
㉕ 4, 11

2022 K-NBA
교과서, 중·고등 교재 부문
국가브랜드대상 9년 연속 1위

visang

매일 성장하는 초등 자기개발서

완자 공부력

하루 4쪽으로 개발하는 공부력과 공부 습관

매일 성장하는 초등 자기개발서!

- 어휘력, 독해력, 계산력, 쓰기력을 바탕으로 한 초등 필수 공부력 교재
- 하루 4쪽씩 풀면서 기르는 스스로 공부하는 습관
- '공부력 MONSTER' 앱으로 학생은 복습을, 부모님은 공부 현황을 확인

쓰기력UP 맞춤법 바로 쓰기
계산력UP 수학 계산
어휘력UP 전과목 어휘 / 전과목 한자 어휘 / 파닉스 / 영단어
독해력UP 국어 독해 / 한국사 독해 인물편, 시대편

완자·공부력·시리즈 매일 4쪽으로 스스로 공부하는 힘을 기릅니다.

대표전화 1544-0554
주소 서울특별시 구로구 디지털로33길 48 대륭포스트타워 7차 20층
협의 없는 무단 복제는 법으로 금지되어 있습니다.